地学哲学文库（十九）

阶梯式发展论

——地学哲学研究之启迪

朱 训 林 芳 编著

本书为国家社科基金重大委托项目"地学哲学再研究——为了'找矿突破战略行动'"阶段性成果（项目号：13@ZH012）

科学出版社

北 京

内 容 简 介

阶梯式发展论是对马克思主义波浪式前进、螺旋式上升发展观的理论创新，是马克思主义发展观的中国化。本书收录了朱训同志1991年首次提出阶梯式发展论以来发表的有关阶梯式发展论及实践的主要论述，同时，也收录了部分其他专家学者对阶梯式发展论在不同领域应用的相关研究论文。

可供从事矿产普查与勘探、地学哲学、生态文明建设的科研、管理人员及相关专业的高校师生参考。

图书在版编目(CIP)数据

阶梯式发展论：地学哲学研究之启迪／朱训，林芳编著．—北京：科学出版社，2017.3
（地学哲学文库：19）
ISBN 978-7-03-051488-2

Ⅰ.①阶⋯ Ⅱ.①朱⋯②林⋯ Ⅲ.①地球科学–科学哲学–文集
Ⅳ.①P5–02

中国版本图书馆 CIP 数据核字（2016）第 320124 号

责任编辑：张井飞／责任校对：张小霞
责任印制：张　伟／封面设计：耕者设计工作室

科 学 出 版 社 出版
北京东黄城根北街 16 号
邮政编码：100717
http://www.sciencep.com

北京中石油彩色印刷有限责任公司 印刷
科学出版社发行　各地新华书店经销
*

2017 年 3 月第　一　版　开本：720×1000　B5
2017 年 6 月第二次印刷　印张：13 1/2
字数：259 000
定价：**108. 00 元**
（如有印装质量问题，我社负责调换）

前　　言

　　中国人民政治协商会议第八届全国委员会秘书长、原地质矿产部部长朱训自从事地矿工作 44 年以来，为中国地质事业做出了重要贡献，他曾为国家建设大政方针提出过一系列的建议，得到过重要的采纳。"阶梯式发展"理论是朱训在长期的地质矿产勘查实践中、在找矿哲学的基础上，根据地质找矿的阶梯式发展原理，运用马克思主义哲学观提炼出的理论观点，使阶梯式发展由自然科学上升为社会科学。这一理论是朱训同志重要的哲学思想和理论。朱训阶梯式发展理论的观点，在 1992 年出版的《找矿哲学概论》一书中公开发表，随后作为一部专著在《中国自然辩证法研究》期刊上发表。在他提出阶梯式发展理论的观点之后的二十多年中，通过对社会现象和自然现象的深入观察，对客观物质世界运动和人类认识运动的深入研究，发现阶梯式发展现象广泛地存在于人类社会和自然界的方方面面。从而提出了阶梯式发展是客观世界物质运动和人类认识运动的一个重要形式这样一个观点。这个新的观点于 2012 年发表在《中国自然辩证法研究》上。

　　朱训的阶梯式发展论阐述了客观物质世界运动和人类认识过程不是简单的直线上升式的发展，发展是有阶梯性的，是从一个台阶上升到一个更高的台阶，各个台阶间的界限是分明的，在一般情况下，阶梯是不可跨越的。而阶梯式发展有几个特点：第一，阶梯式发展是一个上升的、前进的运动过程，发展是不平衡的，是曲折性与前进性的统一。第二，阶梯式发展上升阶段之间都是质的飞跃，是一个量变与质变的过程。第三，阶梯式发展在认识的每个阶段上，都包含着实践—认识—再实践—再认识这样的循环上升过程。

　　阶梯式发展论表明，客观世界物质运动和人类的认识过程不是简单的直线上升式的向前发展，发展是有阶梯性的，是从一个台阶上升到更高的台阶，各个台阶之间的界限是分明的。阶梯式发展理论坚持认识来源于实践的辩证唯物主义基本原理，解释了客观物质世界的发展规律，发展了马克思主义认识论，丰富了马克思主义哲学。因此，阶梯式发展是量变、质变规律的中国式表述和事物发展过程的表述。

　　阶梯式发展论，为马克思主义哲学关于发展的思想提供了新的东西。关于哲学的否定之否定规律，恩格斯提出了螺旋上升式的说法，毛泽东提出了波浪式发展。螺旋式、波浪式是对否定之否定规律的表述。毛泽东波浪式发展阐述了事物都是前进的，但是不是笔直的，而是曲折的。阶梯式发展的规律是量变质变规律的一种表述。恩格斯讲世界不是事物的结合体，而是过程的结合体，事物发展都是过程。发生、发展、灭亡都是过程。而过程区分阶段，阶段之间有区别，阶段之间也有联系，通过量的积累达到质的飞跃。量变引起质变，量变到一定的关键点发生质变，质变又带来新的量变。毛泽东有一个关于部分质变的思想，总的量变过程中有部分质变，这个思想丰富了辩证法。而部分质变的思想，可以和阶梯式结合起来。毛泽东叫部分质变，邓小平把经济发展称为台阶式，而朱训提出了阶梯式发展。邓小平的台阶式主要是针对有中国特色的经济发展而论述的，而朱训则把它上升为世界观，提出了阶梯式发展，可以说是对量变质变的一个新的表述，特别是对部分质变的一个新的表述。事物发展过程中通过量的变化积累引起质变，就进入了一个新的阶段。每个阶段里边，又有一些小的量变，有小的或大的阶段，这些小的阶段或大的阶段都是台阶，因此这也符合台阶式发展的规律，而阶梯式发展是客观物质世界运动的重要形式。人类社会也是呈现阶梯式发展，阶梯式发展普遍存在于社会生活之中。例如，对我国资源现状的认识就体现了阶梯式发展，从资源总量，地大物博，到人均变成资源小国。我们在对我国资源国情的认识上上了一个新台阶，促进了我国走资源节约型发展道路，这是一个重要的认识。

人类社会也是阶梯式发展，就人类的分工，所有制的阶梯式也是这样，每一次所有制的更替，都是分工与发展的相对应，都是发展到更高一级的阶段。社会形态的阶梯式递进，一种社会形态上升为另一种社会形态，说明人类社会从一个阶段上升为另一个新的阶段。社会性质变化根本的推动力是生产力的运动。经济基础决定上层建筑，影响着社会形态的变化，这也是一种阶梯式发展。经济建设空间分布的可持续发展，比如说：我国的对外开放是依序从经济特区到沿海开放城市、经济技术开发区、沿海经济开放区，从沿边到沿江、内陆省区梯次推进的。社会主义建设为一体的总体布局也是一步一步形成起来的。

阶梯式发展也广见于社会生活之中。广见于日常生活，经济生活和文化生活之中，像爬楼梯和登山，这都是阶梯式运动。而纵观社会生产力的发展历程，我们也可以看到其发展过程也呈现阶梯式。随着生产力的增长，农业社会、工业社会、信息社会呈阶梯式发展，但是量的增长过程中也有阶段性的差别，有部分质变，是不简单的量的增长。显然，工业社会和农业社会是不同的，这也就是质的飞跃。因此，阶梯式发展是质变规律的通俗表述。

在发展阶梯式的过程中应该注意阶段之间的区别，各个台阶里有部分质变，而台阶之间又有区别，不能混淆，也不能跨越。这也是阶梯式发展理论在可持续性发展中的特定意义。而每个台阶都有其本质的定位。建设有中国特色的社会主义的根本依据是社会主义初级阶段。改革开放三十多年以来，我们国家发生了巨大的变化，经济总量大幅度增长，国际社会地位也逐步提高。国家发生了翻天覆地的变化。但是，中国的基本国情并没有发生变化，社会主义初级阶段的主要矛盾没有变，发展中国家的地位没有变。所以国家的基本路线不能变，发展战略不能变，基本制度不能变，大政方针不能变。不同的台阶要有不同的政策，但是却不应超越阶段。因此，阶梯式发展是量变质变规律的中国式表述。除此以外，当台阶出现质的飞跃的时候，要勇于开创工作的新局面，勇于创新，踏上新的台阶。当量的积累达到一定程度的时候，可以实现质的飞跃的时候，不要保守，要敢于突破原有的东西，上一个台阶。要善于反思，无论是华丽的辞藻，还是严密的数学分析的迷人景象，都不应当蒙蔽我们的眼睛，使我们看不到决定整个过程前提之不足。纵观中国发展也分为几个阶段，第一阶段改革开放到 20 世纪末，解决温饱问题；第二阶段到 2020 年实现第一个百年目标，全面建成小康社会；第三个阶段到 2050 年实现第二个百年目标，建成富强民主文明和谐的社会主义现代化国家。可以看出，我们在解决温饱条件下，鲜明地提出全面建设小康社会的奋斗目标。2020 年以后，我们要为基本实现现代化而奋斗，实现第二个百年目标。

人的认识来源于实践，依赖于实践，服务于实践，认识和实践的相互作用使人的认识发展必然沿着阶梯式的路径前进。人类认识阶梯式发展的实现途径，只能是实践。而且这种阶梯式认识发展可以实现的关键环节在于影响事物变化发展的关键因素的提炼和被认知。因为客观是阶梯式发展的，那主观认识当然是要认知一致，而认识也是一种阶梯式认识运动。以对我国经济体制改革的认识为例，最初突破计划经济体制坚冰的，就是发端于农村的改革实践：安徽省凤阳县小岗村的 18 位农民于 1978 年冒着极大的风险进行土地承包活动，不仅开启了中国农村改革的道路，也拉开了我国对经济体制改革的阶梯式的发展。无数事实说明，我们对物质世界的深刻认识只能来源于实践。

阶梯式发展是量变质变规律的中国式表述，是事物发展过程的表述，是实现科学发展的重要途径，具有实践意义。阶梯式发展论是在马克思主义基本原理的指导下，揭示了客观物质世界和人类认识运动的重要形式，揭示了人类认识运动发展的一种具有普遍意义的规律，丰富了马克思主义的发展学说和马克思主义认识论，为我们提供了认识世界的一个新工具、新方法和新手段。除此之外，它揭示了客观世界和主观认识许多规律性的东西，为我们实际工作提供了指导原则和基本思路。

贯彻落实科学发展观，需要自然科学家和哲学家的相互沟通；需要自然科学和哲学的相互融合。实现科学发展，建设生态文明也需要自然科学家和哲学家的相互沟通；需要自然科学和哲学的相互融合。那么，在自然科学和哲学的鸿沟之间就需要架起桥梁。而桥梁必须从两头开始——自然科学家和哲学家同时开始。因此，架起桥梁的最佳方法就是对自然科学方面的经验进行哲学思考。本书结合地球科学与哲学，共收录阶梯式发展论相关文章 24 篇，从阶梯式发展是事物发展的普遍规律、阶梯式发展是事物发展的重要形式、阶梯式发展对事物发展的指导意义三大部分进行探讨和论述。为广大从事自然科学和人文科学的专家学者提供了实践经验。

特别感谢中国自然辩证法研究会地学哲学专业委员会、中国地质学会地学哲学研究分会副理事长毕孔彰、特聘副理事长王恒礼在本书收集、整理、出版过程中所给予的帮助和支持。

林　芳

博士

中国地质大学（北京）助理研究员

中国自然辩证法研究会 地学哲学委员会副秘书长

目　　录

第一篇　阶梯式发展是事物发展的普遍规律

从矿产勘查过程看认识运动的"阶梯式发展"

朱　训

摘要：遵循"实践、认识、再实践、再认识"的马克思主义认识规律。按照"去粗取精，去伪存真，由此及彼，由表及里""循序渐进"的原则，将矿产勘查过程分为"普查—详查—勘探"3 个阶段，并对这一过程所反映出的"对于矿床情况认识运动的表现形式"总结为"阶梯式发展"。这一认识运动的形式"对某些其他领域也可能是适用的"。

关键词：矿产勘查；认识运动；阶梯式发展

马克思主义告诉我们：认识世界和改造世界要有一个过程，即实践、认识、再实践、再认识的无限过程。在此过程中，认识的基本特征是曲折性与前进性的统一。其具体表现形式，马克思主义经典作家曾做过科学的概括：螺旋式上升或波浪式前进。这无疑是正确的。矿产勘查作为一项社会活动，既是一种认识世界的过程，又是一种改造世界的过程。人们通过勘查活动对矿床地质规律的认识过程除具有一般认识过程的共性外，还有其自身的特点，即表现为"阶梯式发展"。本文拟就此进行探讨。

一、矿产勘查过程

为了探讨矿产勘查过程中认识运动的表现形式，有必要对矿产勘查过程本身先作一点简要的分析与说明。矿产勘查工作是地质工作的主要组成部分，矿产勘查工作的目的是发现和探明国民经济与社会发展所需的矿产资源并提供相应的地质资料供矿山（油、气田）设计建设开发利用。我国目前及在可预见的未来，工业生产中 80% 的原材料都取自矿产，95 % 的能源属矿物能源。中国如此，世界也大体这样，因此，矿产勘查业在整个国民经济中占有十分重要的地位，在整个社会生产链条中处于最前端的突出位置。为了发现与探明矿产资源而进行的矿产勘查过程，实际上就是对储存于地壳之中的矿产的客观地质情况进行认识的过程。要全面认识矿产的地质情况，必须经历较长时间的实践、认识、再实践、再认识的过程。矿产勘查作为一项实践活动，它的客体是矿床。矿床是在地壳的某一特定地质环境内的有用矿物堆积体，它是在地壳漫长的发展过程中由各种自然作用形成的。一方面，它的储存情况和规律通常是十分复杂的；另一方面，由于矿床通常深埋地下，不能为人们所直接全面观察，即使靠探矿仪器设备的帮助获取信息，也仅是一种间接观察，靠探矿工程揭露进行观察，也是一种局部观察，都很难了解其全貌。何况矿床的空间分布状况是其在地质历史上形成过程的反映，要深入了解其分布规律，就必须研究其形成过程，这就更为艰难。正如恩格斯在《反杜林论》这篇著作中所说的那样："地质学按其性质来说主要是研究那些不但我们没有经历过而且任何人都没有经历过的过程。所以要挖掘出最后的、终极的真理就要费很大的力气，而所得是极少的。"（《马列著作选读》哲学·第8页）

　　地质工作者为了有效地逐步深化对矿床的认识，将矿产勘查工作过程分为3个大的阶段：普查、详查、勘探（图1）。

普查──→详查──→勘探

图1　矿产勘查过程示意图

　　并按此序列有计划、分层次、循序渐进地开展工作。矿产勘查3个阶段的目的、任务及特点大致如下。

　　矿产普查（即普查找矿）阶段。普查阶段中地质人员运用地质的理论与方法，结合自己的找矿经验，在一定空间范围里，通过对各种地质体和各种地质现象的实地调查与观察研究，来寻找地质工作设计中规定的目标矿产。这个阶段中矿产勘查人员为了找到所要找的矿产，主要靠自己的感觉器官去直接观察了解，靠自己的思维能力去分析复杂的地质现象，有时也辅以少量的探矿工程，以求了解更多的情况。这个阶段矿产勘查工作的目的在于发现矿床。这一过程既包括在一个有较大面积的区域内（成矿远景区、带）发现矿点或矿床，也包括在已发现的矿点、物化探异常范围内发现矿体。从认识这个角度来看，矿产普查是整个矿产勘查中最困难的阶段。这个阶段的最大特点是不确定性、风险性和随机性，具有明显的"搜索"性质，是一种"面型调查"。发现矿床是最困难的事，它除了受投资、工作量及从事找矿人员素质的制约以外，"概率法则"起着明显的支配作用。在一个客观无矿的地区，无论进行多么认真的工作，结果仍然是找不出矿来。由于这一阶段要通过发现矿床，实现由"无矿"到"有矿"的飞跃，人们的认识过程充满了曲折和反复。这个阶段工作的实质是"发现"，即发现矿床。在工作末尾，提交相应的地质普查报告。

　　矿床详查（即详细普查）阶段。这个阶段地质勘查工作的目的是对经普查阶段工作发现的矿床，通过进一步野外勘查工作，包括进一步的直接观察和较多的探矿工程，获取关于该矿床较丰富的认识，作出是否具有工业价值的评价。如没有，这个点的整个勘查工作就此结束；如有，则为转入下一阶段勘探提供科学依据和指明方向。可见，这个阶段的工作非常重要，它决定着这个矿床的前途和命运，是实现由普查到勘探的中间过渡的关键环节。这个阶段的风险性和随机性减少了，是一种"点型调查"。但不确定性仍然存在，只不过它不是在无矿和有矿之间进行选择，而是对已知矿床在有工业价值和无工业价值之间进行选择。这个阶段工作时间较普查短，但资金投入较普查多。这个阶段工作的实质是"评价"，是按照主体的价值取向对矿床作出是否具有工业价值的评价结论。工作阶段的末尾，要提交详细的普查报告，把这个阶段所获得的认识反映出来。

矿床勘探阶段。这个阶段的任务是在已确定为工业矿床的条件下，在初步圈定的有限范围内确定矿床的规模、形态、产状、矿石质量、开采技术经济条件等工业经济参数，并确定矿床开采最优方案。通过大量的野外勘探工程和细致的室内综合分析工作查明工业矿床的地质、经济和技术特征，为开采设计提供详细的地质勘探报告资料。这个阶段的最大特点是在已知工业矿床上进行工作，没有太大的风险。矿床勘探阶段的实质是"探明"。

如果归纳一下，矿产勘查过程中普查、详查、勘探这3个阶段工作的实质就是发现、评价、探明这6个字。从上述分析可以看出，普查、详查、勘探这3个阶段之间的关系是辩证统一的。三者之间既有同一性，又有差异性。同一性表现在三者均为矿产勘查这一统一过程中顺序衔接的组成部分，三者同是围绕一个目标，即找到可供工业建设利用的矿产地。差异性表现在具体任务不同，工作程度不同，损失风险不同，认识深化的程度也不同。

二、矿产勘查过程中的认识运动

在介绍了矿产勘查工作过程之后，再来分析一下在此过程中认识运动是如何发展的。地质工作者在从事普查、详查、勘探工作时，为了适应认识上的需要，以便有效地发现所要寻找的矿产地，又将每个阶段划分为野外实地勘查期间（大体相当于"实践"）和室内综合分析期间（大体相当于"理性认识"）两个环节（图2）。

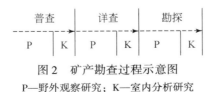

图2 矿产勘查过程示意图
P—野外观察研究；K—室内分析研究

每个阶段的野外实地观察是人们对矿床认识的基础和重要环节，要通过人的手敲击岩石露头或利用探矿仪器或施工探矿工程来进行。在此基础上,根据感性的、直观的认识,进行有关矿产地质情况原始编录,取得第一手资料。在野外工作过程中获得的主要是对于矿床的感性认识和少量的理性认识;而每个阶段的室内分析研究,则是对在野外所获得的原始地质资料,按照"去粗取精、去伪存真、由此及彼、由表及里"的原则,进行综合分析研究与加工制作。在室内工作期间还要对野外采集的各种地质标本、样品进行实验测试分析,从而可以再获得一些原始实际资料。有时还要再到野外去补做些地质观察,补采些样品。室内分析研究使野外观察与研究所获得的感性认识上升为理性认识,实现由感性认识向理性认识的飞跃。有的理性认识具有抽象的形式,如对于成矿规律的认识。然后,通过编写相应阶段的地质报告,把有关理性认识方面的结论反映出来,为下一阶段的实践提供科学依据和理论指导。

根据以上分析,可以得出以下几点结论。

第一,矿产勘查工作过程中3个阶段的每一个阶段都包含着"实践、认识"这一认识过程的循环。连贯起来看,整个矿产勘查工作过程就是实践、认识、再实践、再认识、再次实践、再次认识的过程。

第二,矿产勘查工作3个阶段对于矿床地质情况的认识是一个不断深化的过程。从每个阶段内部来看,在各个野外观察与研究期间可以获得大量的感性认识和少量的理性认识,但主要是认识量的积累,而不是质的飞跃;而在各个室内分析研究期间,虽然也有认识上量的积累,但主要是获得有关矿床整体方面的一些理性认识,实现认识上质的飞跃。与此同时,前一个阶段的理性认识将在下一个阶段的实践(观察)中受到检验,符合客观地质情况的理性认识将在下一个阶段达到预期的目的,不符合客观地质情况的认识将得到纠正。从总的趋势看,随着3个阶段勘查工作的顺序推进,笔者对于矿床的认识也逐步提高。

第三,矿产勘查工作3个阶段的野外观察与研究及室内分析研究对于全面认识矿床地质情况和规律都是不可缺少的,是相辅相成的。没有野外的观察和大量实际资料的搜集与感性认识的积累,室内分析研究就成为"无源之水""无米之炊"。但如果仅有野外的观察与研究,没有室内工作,就不可能较为全面地认识矿产地质情况,认识不可能系统化,更不可能实现认识上的飞跃。由此可见,野外观察是认识的基础,野外研究是认识的积累,室内分析研究是认识的上升(升华);野外研究和室内分析研究之间的辩证关系是量的积累与质的飞跃的关系,也就是在认识上实现由量变转化为质变的关系。

第四,矿产勘查总过程所反映的对于矿床情况认识运动的表现形式呈阶梯式发展。这个过程中运动的总趋势呈前进式发展上升。但是认识的发展是不平衡的,即不是呈直线式前进上升的,而是呈阶梯式的形式逐步前进与上升的一个过程(图3),犹如上了一个台阶。

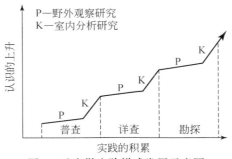

图 3　矿产勘查阶梯式发展示意图

　　这就是说，阶梯式发展是矿产勘查过程中认识运动的主要形式。阶梯式发展是作为曲折性与前进性相统一的这一认识运动普遍规律的一种表现形式，与螺旋式上升和波浪式前进一样，具有一个共同的基本特征，即曲折性与前进性的统一。但不同之处在于"阶梯式发展"没有"波浪式前进"形式中的波峰与波谷之分，也没有"螺旋式上升"形式中的那种前进式上升与复归式上升之分。

三、遵循阶梯式发展规律开展矿产勘查工作

　　矿产勘查的过程是对客观矿床认识逐步深化的过程。这个过程认识运动的形式又呈阶梯式发展。所以，只有遵循这个客观规律，才有可能获得对于客观矿床情况的正确认识，取得勘查工作的成功。按阶梯式发展要求，在矿产勘查工作中特别要注意以下几个方面的问题。

　　第一，要按"循序渐进"的原则，推进矿产勘查工作。矿产勘查中的认识运动呈阶梯式发展前进，就要求勘查工作严格按各勘查阶段循序渐进地开展工作，不能急于求成，才有可能使我们获得对于矿产情况全面的正确的认识。一般情况下，勘查工作阶段只能缩短而不能跳越。任何违背勘查工作程序，跨越工作阶段的行为，不仅不能获得对于矿床的正确认识，甚至可能受到客观规律的惩罚，使矿产勘查遭到挫折与失败。当然我们要力求处理好遵守工作程序与缩短工作周期两者之间的辩证关系，处理好各个阶段之间的辩证关系，处理好野外观察、研究与室内综合分析工作之间的辩证关系，做到既遵循了工作程序，又能缩短工作周期，使勘查工作收到事半功倍之效。

　　第二，要搜集丰富而又真实可靠的第一手地质资料。矿产勘查的任务在于认识与发现可供建设利用的矿产。但怎样才能获得正确的认识呢？唯物辩证法告诉我们认识的基础是实践，认识的源泉也是实践，所以要高度重视野外工作期间的实际调查和室内的测试分析。没有通过实践而所获得的大量的感性材料，不可能

实现认识的飞跃。对于感性材料不仅要十分丰富，而且要保证质量，真实可靠，符合实际，这样才能作出正确的分析判断，才能获得正确的认识。否则，如果原始地质资料失真不实，就会形成错误的概念，作出错误的判断，进行错误的推理。其结果会导致矿产勘查的失败。

第三，要运用辩证思维对感性资料进行科学的加工。在有了丰富的原始地质资料之后，还要通过大脑这个机器，将通过野外调查和室内测试分析所获得的丰富的感性材料，以唯物辩证法为指导，按照"去粗取精、去伪存真、由此及彼、由表及里"的原则进行综合分析研究，以获得对于矿床客观实际地质情况的正确而又较为全面的认识，实现由感性认识到理性认识的飞跃。

第四，充分发挥主体在认识矿产过程中的能动作用。矿产勘查所要解决的主要矛盾，实际上是作为主体的地质勘查工作者和作为客体的矿床之间的矛盾，就是说主体如何正确地、全面地反映与认识矿床这一客体的问题。在这对矛盾中客体处于被动的地位，而作为主体的地质勘查人员处于主动的地位。因此，能不能解决好这个矛盾，能不能客观地认识矿床，关键在于勘查人员的素质和主观能动性。这里有一个勤于实践、善于实践和勤于思考、善于思考的问题。地质勘查人员的素质高低对于勘查工作成效关系极大。这里的素质包括以下几个方面：一是科学技术水平高低；二是经验丰富程度；三是辩证思维能力强弱；四是觉悟程度与献身精神如何。没有高度的责任感，不努力实践，不认真实践，就不可能搜集到大量的感性资料，就没有辩证思维能力，在大量复杂的事物中就可能抓不住问题的本质。只有具有高度的觉悟与献身精神，才能在艰苦的野外工作条件下，勤于实践、一丝不苟地进行观察研究，才能搜集到丰富且真实可靠的感性资料；只有具备较好的技术素养、经验丰富且辩证思维能力强的勘查人员，才能对复杂的地质现象作出科学的分析判断，才能对大量第一手地质资料进行科学的加工，才能将感性知识上升为理性认识，得出能反映矿床客观实际的结论。

最后还要说明两点：①"阶梯式发展"这一认识运动的形式可能不限于矿产勘查过程，对某些其他领域也可能是适用的。②本文初稿草就后，中共中央党校张绪文教授，中国地质大学王子贤教授和王恒礼副教授，原地质矿产部张文驹和张文岳副部长提出了不少重要的修改意见，在此一并表示感谢。

（朱训：全国政协原秘书长、原地质矿产部部长、中国自然辩证法研究会地学哲学委员会理事长）

阶梯式发展是物质世界运动和人类
认识运动的重要形式

朱 训

摘要：阶梯式发展思想是笔者 1991 年在原长春地质学院经济研究生班讲授《找矿哲学概论》（该书于 1992 年由地质出版社公开出版）课程时提出的。笔者认为，阶梯式发展是矿产勘查过程中，实践和认识运动的重要形式。经进一步研究发现，这种阶梯式发展形式不是个别现象，它具有广泛性。无论是自然界的物质运动，还是社会的物质运动，都具有这种特点。阶梯式发展论正是对客观物质世界的运动阶梯式发展在主观上能动的反映。阶梯式发展论对我们把握和认识客观物质世界运动的规律具有重要的理论意义和实践意义，它可以为我们的认识活动和各项实际工作提供指导。

关键词：阶梯式发展；实践；认识；意义

马克思主义认为，世界是物质的，物质是运动的，运动是物质的存在形式，运动是有规律的，其形式是多样的，主要包括：①体量上由小到大；②程度上由简单到复杂；③性质上由新事物代替旧事物；④层级上由低级到高级。运动的层级性就表现为阶梯式。

阶梯式运动发展的辩证性质是关于自然界、人类社会和思维运动规律的体现。外部世界的辩证发展和人类思维能动的反映在本质上是同一的。阶梯式的性质在两者的表现上是不同的，这是因为人的头脑可以自觉地应用这些规律；而在自然界，这些规律是不自觉地以外部必然性的形式，通过无穷无尽的偶然性为自己开拓道路的。

阶梯式发展论正是现实物质世界阶梯式发展运动在思维上的自觉的能动反映，图 1 为阶梯式发展模式示意图。

阶梯式发展论表明，物质运动和人类的认识过程不是简单的直线上升式的发展，发展是有阶梯性的，是从一个台阶上升到一个更高的台阶，各个台阶间的界限是分明的。尽管人们可以创造各种主客观条件，缩短台阶间的距离，但在一般情况下，阶梯是不可跨越的。任何试图省略和跨越的做法都会脱离客观规律，在认识中出现盲目性和偏差。阶梯式发展有如下特点：第一，阶梯式发展是一个上升的、前进的运动过程，发展是不平衡的，是曲折性与前进性的统一；第二，阶

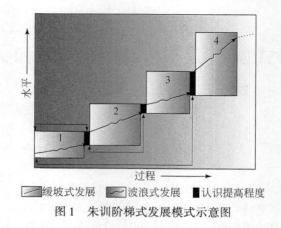

图 1　朱训阶梯式发展模式示意图

梯式发展上升阶段之间都是质的飞跃，是一个量变到质变的过程；第三，阶梯式发展在认识的每个阶段上，都包含"实践—认识—再实践—再认识"的循环上升过程。

一、阶梯式发展是客观物质世界运动的重要形式

物质世界包括自然界和人类社会。阶梯式发展是客观物质世界运动的重要形式。以下从自然界、人类社会及社会生活 3 个方面说明阶梯式发展的广泛性。

（一）阶梯式发展是自然界的客观实在

1. 自然界的层次属性

人们在对自然界的观察研究过程中得出了普遍认可的结论：层次性是自然界的基本属性。从宇观到微观，从无机界到有机界，人们都能见到这种层次性。在宇观世界，存在着行星系、恒星系、星系、星系团、超星系团、总星系等层次；在微观世界，有分子、原子、原子核和基本粒子等层次。自然界不同层次之间具有不同的质的规定性和量的规定性，这是量变与质变、连续性与间断性的统一。自然界的层次属性使自然界呈现出梯级上升的组织结构。美籍匈牙利哲学家拉兹洛指出："自然界的组织结构就像一座复杂的、多层的金字塔——在它的底部是许多相对简单的系统，在它的顶部是几个（极顶是一个）复杂的系统。"[1] 自然界的组织结构是复杂的，但总体上是由简单到复杂，由低级到高级的阶梯式路径演化、前进，所以，阶梯式发展是自然界的主要发展形式之一。

2. 地形地势的阶梯式样态

地形地势上的阶梯式样态分布，以中国最为典型。中国地势东低西高，呈明

显的阶梯状分布。从东部沿海平原向西部高原逐级攀升，以著名的山脉为分界线，中国的地形地势可以分为不同海拔的三大台阶：第一级台阶是以东北平原、华北平原、长江中下游平原这三大平原为代表的广阔的东部平原区，其间散落着丘陵和低山，海拔多在500m以下，其西面的大兴安岭、太行山脉、巫山、雪峰山是第一、第二台阶的分界线；第二级台阶是由内蒙古高原、云贵高原、黄土高原和四川盆地、塔里木盆地、准噶尔盆地组成的高原盆地区，平均海拔为1000～2000m，其北部与西部边缘分布有昆仑山脉、祁连山脉、横断山脉，是第二、第三级台阶的分界线；第三级台阶为青藏高原，平均海拔在4500m以上，号称"世界屋脊"。

3. 地质领域的阶梯式成矿现象

地矿领域也存在着大量的阶梯式成矿现象。最典型的就是专家发现的赣南钨矿的"五层楼"模型，根据地质专家的研究，在赣南以及南岭地区分布在花岗岩体外接触带变质岩中的钨矿可按矿带结构的垂直变化及各矿带的工业价值划分为5个矿带，从上至下依次为线脉带、细脉带、薄脉带、大脉带和消失带；矿化分带的主要因素是矿物、元素和围岩蚀变。按钨含量变化，自上而下分为顶部微矿带、上部贫矿带、中部富矿带、下部贫矿带、底部无矿带（图2）。[2]可见，成矿系统发展的阶梯性以多重嵌套为特征，这为自然界的层次性组成、阶梯式发展提供了很好的例证。

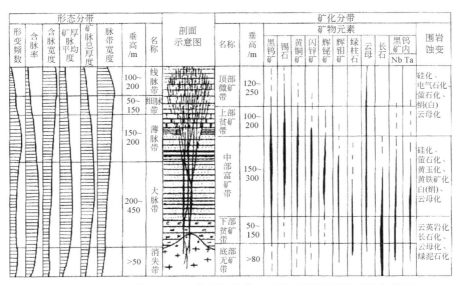

图2　南岭地区黑钨矿床、矿脉形态分带与矿化分带关系图（据古菊云）

近年来，山东胶西北地区"阶梯式成矿模式"的发现，为阶梯式发展论在自然界、地质学领域又提供了一个新的例证（图3）。山东省地质矿产勘查开发局的地质人员，近年来在胶西北地区找矿过程中，发现在胶西北地区控制三山岛、焦家、招平等大型金矿的控矿构造带，为一条断面为阶梯式铲式的大型断裂构造带。这条控矿构造带在沿倾斜方面不是呈直线式向深部延展，而是在地层浅部向深部延展途中出现一系列倾角较为平缓的台阶。从成矿过程的特点分析，这种缓坡有利于矿质的大量聚集和厚大矿体的形成。于是地质人员在这几个缓坡状的台阶上部署了一批探矿工程进行探索，结果陆续在两个台阶上发现了金矿储量为105t和126t的两个大金矿[3]，据地质人员预测，在更深部的台阶上还可能有以百吨储量计的大金矿。山东地质人员所总结的阶梯式成矿理论不仅丰富了山东"焦家式"金矿成矿理论，而且为以后找矿指明了新的方向。

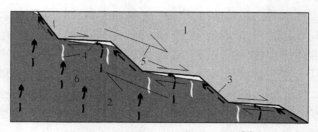

图3　金矿阶梯式成矿模式示意图[3]

1. 伸展构造上盘；2. 伸展构造下盘；3. 铲式断层；4. 金矿体赋存位置；5. 构造运动方向；
6. 成矿流体运移方向

（二）人类社会呈阶梯式发展

1. 人类分工、所有制的阶梯式发展

马克思和恩格斯在《德意志意识形态》一书中对人类分工和所有制发展的历史进行了考察，揭示了人类社会阶梯式发展的本质。人类社会历史上经历过几次大的社会分工，第一次是农业和畜牧业的分工，分工带来了交换，也为私有制的产生提供了物质基础；第二次是农业和手工业的分工，扩大了交换的范围，加速了私有制的产生；第三次是农业、畜牧业、手工业与商业的分工，产生了一个专门从事商品交换的商人阶级，商品生产和交换迅速发展，私有制成为占统治地位的所有制形式。分工的发展是所有制更替的内因。马克思和恩格斯认为人类社会发展至他们所处的时代经历了4种所有制，即部落所有制、古代公社所有制和国家所有制、封建（等级）所有制、资产阶级所有制。每一次所有制的更替都是与分工的发展相对应的，都是进展到更高级的阶段。社会主义、共产主义公有制则是人类社会最高级的所有制。

2. 社会形态的阶梯式递进

马克思和恩格斯对所有制发展史的考察为马克思主义的社会形态理论奠定了基础。社会形态是马克思主义所特有的范畴，指在一定生产力基础上的经济基础和上层建筑的统一体，是阐释人类社会发展阶段的标志。社会形态理论认为，依据生产关系的性质，社会历史可划分为 5 种社会形态，它们依次更替，从一种社会形态上升为另一种社会形态，说明人类社会从一个阶段上升为一个新的阶段。因此，从人类历史的总体来看，这种阶梯式发展是人类社会的共有属性。

3. 经济建设布局的阶梯式发展

人类社会总体上是沿着阶梯式发展路径前进的，具体到一个国家、一个民族，其在不同领域、不同行业等，甚至是不同的历史阶段，都呈现出阶梯式发展的特性。我国的对外开放是依序从经济特区到沿海开放城市、经济技术开发区、沿海经济开放区，从沿边到沿江、内陆省区梯次推进的。与此战略部署相对应，我国改革开放以来的经济发展正是经历先东部，再西部，最终实现促进东、西部地区经济合理布局和协调发展"两个大局"的台阶式发展历程。

(三) 阶梯式发展广见于社会生活之中

1. 日常生活离不开阶梯

阶梯式发展广泛存在于人们的现实生活之中。最通俗常见的就是爬楼梯。住在楼房里的人们为了上楼，总是要一个台阶一个台阶的向上走、向上爬。在楼层之间转折处有一个平台，人们到了那里，就可以说是上了一个大台阶，经过稍事的休息停顿又一级一级向上爬，直至所要到达的楼层。

登山运动中的登山过程，也是阶梯式发展的过程。为了到达顶峰，总是要在途中设几个营地，登山人员从大本营出发登山后，每到一个营地总是要休整一下，总结一下前一段登山情况，研究接着要攀登的下一个台阶的行动方案，然后再继续攀登，直至到达顶峰。这种过程也可以说是一个实践—认识—再实践—再认识的过程。

2. 经济生活发展的阶梯性

如果细心考察，经济生活的各个方面都展现了阶梯式发展的清晰路线。例如，通信、家电、汽车、互联网等，行业的发展都是一个阶梯式的曲线通道。举例来说，人们常坐的火车就经历了由蒸汽机车到内燃机车再到电动机车的发展演变，城市交通由有轨电车到无轨电车再到城市轻轨的逐级进步；人均 GDP 的增长与消费结构升级呈正相关性，居民消费类型从传统的基本生活消费向电器普及的改善型生活消费，再到向住房、汽车、旅游等为主的享乐型消费逐级递升；居民消费结构呈低收入阶层、工薪阶层、高收入阶层的阶梯式升级。

再以阶梯电价为例，为了节约资源，体现社会公平，我国自 2012 年 7 月 1 日起在全国试行阶梯电价，即将居民电价分为 3 档，第一档为基础电量，要求覆盖 80% 的居民用电，保障这些家庭用电价格不上涨；第二档用电量要求覆盖 95% 的家庭，每度电价上涨 0.05 元；第三档则是剩下的 5% 用电量最高的家庭，每度电价上调 0.3 元。以下是北京阶梯式电价示意图（图 4）。

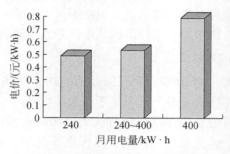

图 4　北京阶梯式电价示意图

3. 文化建设的阶梯式发展

不仅经济生活呈阶梯式发展，文化建设也展现出阶梯式发展的特点。以北京为例，"北京市公共文化建设实现了从小到大的阶梯式发展"。[4] 随着政府重视程度和投入的增加，北京市的文化建设飞速发展，并表现出阶梯式发展的特点。具体表现为从事文化工作的队伍由小规模发展为大规模，文化设施由"已有"的层次上升为"完善"层次，群众由公共文化的旁观者上升为参与者，再上升为建设者的层次。其实放眼全国，这也是全国各地公共文化建设中存在的普遍现象。

二、人类认识运动的重要特点呈阶梯式发展

马克思主义认识论认为，人的认识是主观意识对客观物质世界的反映。客观物质世界阶梯式发展的特性，决定了人类认识运动也呈现阶梯式发展的特性。

（一）在自然界领域认识的阶梯式发展

1. 对资源国情的认识

中国的国土面积约为 960 万 km^2，在世界上排第三位，可谓地大。中国矿产资源等自然资源就总量而论也居世界前列，可谓物博。长期以来，正是以资源总量来观察问题，中国人都称自己的国家"地大物博"，物产丰富。新中国成立以

后，"地大物博"被写进了中学课本，对学生进行教育，以培养学生的爱国精神和民族自豪感。

改革开放以来，随着经济的快速发展，我国人口由新中国成立之初的 4 亿多人迅速膨胀到 2010 年的 13.9 亿，资源短缺成为经济发展的瓶颈，越来越凸显。笔者于 1988 年在全国哲学委员会第二届学术年会上的主题报告"我国矿情的辩证分析及对策建议"中，对我国矿产资源的国情进行了辩证分析，明确指出，虽然从资源总量上讲，中国"地大物博"，但是，中国人口众多，人均拥有矿产资源量还不到世界人均占有量的一半，为世界人均占有量的 40%。我国人均拥有的矿产资源量是美国人均占有量的 1/10，是苏联人均占有量的 1/7。由此可见，相对于满足人口对生产生活资料来源的需求而言，我国却是"资源小国"。[5] 不是资源相对不足，而是资源明显不足。文中建议要将节约资源作为一项基本国策，走资源节约型的发展道路。对此，逐渐成为人们的共识，并为中央采纳见诸于国家的决策之中。从"地大物博"到"资源小国"，我们对我国资源国情的认识上了一个新的台阶，这有利于我们对资源的节约利用与爱惜，也促进我国走上"资源节约型"发展道路。

2. 对我国矿产种类数量的认识

中国究竟有多少种矿产，对此人们的认识也是随着地质找矿工作实践的深入而呈阶梯式向前发展的。据国土资源部资料，新中国成立之初，我国有 20 多种矿产，其中在 1949 年探明有储量的矿产有两种，随着新中国地质工作的开展，到 1962 年已知探明有储量的矿产达 97 种，1980 年已知探明有储量的矿产达 134 种，到了 2010 年全国已发现矿产达 171 种，探明有储量的矿产达 159 种（图5）。

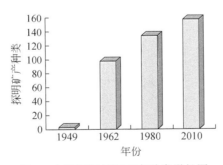

图5　中国探明储量矿产种类增长图

3. 对矿产勘查过程的认识

矿产勘查过程，实际上就是对赋存于地壳之中的矿产的客观地质情况进行认识的过程。成矿规律的复杂性和矿床赋存状态的隐蔽性，决定了人们对矿床认识的曲折性、渐进性、阶梯性和矿产勘查过程中的认识运动呈阶梯式发展。目前，我国将矿产勘查过程分为普查、详查、勘探 3 个阶段。地质工作者在从事普查、详查、勘探工作时，为了适应认识上的需要，以便有效地发现所要寻找的矿产地，又将每个阶段划分为野外实地勘查和室内综合分析两个环节（图 6）。

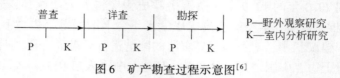

图 6　矿产勘查过程示意图[6]

野外工作主要是对矿床的感性认识，但也可获得某些理性认识。每个阶段的室内综合分析研究，主要是对野外工作所获得的第一手资料按照"去粗取精、去伪存真、由此及彼、由表及里"的原则进行综合分析研究，使野外观察研究所获得的感性认识上升为理性认识。由此可见，在每一个阶段内部，都包括从实践到认识、从感性认识到理性认识、从量变到质变的过程。随着这 3 个阶段依次递进，认识也逐级提高。随着每一个阶段勘查工作的顺序推进，矿床的认识程度是呈阶梯式的形式逐步前进与上升的一个过程，犹如上了一个台阶又上了一个台阶似的发展上升。[6]也就是说，"阶梯式发展"是矿产勘查过程中认识运动的主要形式。就是这样，矿产勘查工作过程中的 3 个阶段的每一个阶段都包含着"实践、认识"这一认识过程的循环。连贯起来看，整个矿产勘查工作过程就是实践、认识、再实践、再认识的过程。但是认识发展是不停滞的，每个阶段里的认识也可能出现某些波动，但这个过程运动的趋势呈阶梯式上升（图 7）。

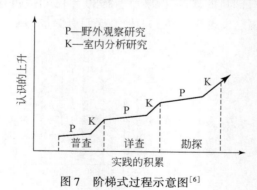

图 7　阶梯式过程示意图[6]

（二）在社会领域认识的阶梯式发展

1. 对社会主义经济体制的认识

改革开放以来，我国对经济体制的认识就经历了从一个阶段到另一个阶段，从一个台阶迈向一个新台阶的认识历程。新中国成立以后，我国实行的计划经济体制，虽然取得了一定的成绩，但高度集中的计划体制把经济管得太死，企业缺乏应有的活力，束缚了生产力的发展。改革开放以后，商品经济开始活跃，市场的作用日益显现，改革取得初步成效。正反两方面的经验使人们认识到，经济体制改革必须突破完全排除市场调节的计划经济观念。

在1981年党的十一届六中全会《关于建国以来党的若干历史问题的决议》中，提出了"计划经济为主，市场调节为辅"的方针，允许市场调节存在和发挥作用，为形成社会主义市场经济理论开辟了道路，迈上了对我国经济体制改革认识的第一个台阶。

1984年10月，党的十二届三中全会通过的《中共中央经济体制改革的决定》首次提出"在公有制基础上有计划的商品经济"的新概念，不再把计划经济同商品经济对立起来，这是社会主义经济理论的重大突破。邓小平高度评价了这一理论突破，认为它对什么是社会主义经济做出了新的解释，说出了马克思主义创始人没有说过的新话[7]。《中共中央经济体制改革的决定》标志着对我国经济体制改革的认识上升到第二个台阶。

党的十三大提出了社会主义有计划商品经济的体制，应该是"计划与市场内在统一的体制""计划和市场的作用范围都是覆盖全社会的"，总体上来说，新的运行机制应当是"国家调节市场，市场引导企业"的机制。后来，又提出"计划经济与市场调节相结合"。这些提法的演变说明我们对计划与市场之间关系的认识越来越深入，越来越符合实际和具有合理性，这标志着对我国经济制度改革的认识上升到第三个台阶。

20世纪80年代后期，经济活动中市场调节的比重已超过了计划调节。这一时期，国际形势复杂多变，国内的经济改革成就与矛盾和困难并存。若要把社会主义事业向前推进，理论上需要有新的突破。1992年邓小平的南方谈话，从理论上破除了计划经济和市场经济是制度属性的陈旧观念，为形成社会主义市场经济理论奠定了坚实的基础。同年召开的党的十四大，明确把建立社会主义市场经济体制作为我国经济体制改革的目标，使我们对这一问题的认识又上升到另一个新的台阶。

2. 对社会主义所有制的认识

对于我国的社会主义所有制，我们党的认识也有一个逐步深化的过程。改革开放以前，我们对社会主义所有制追求"一大二公"。改革开放以后，我们认识到这种追求不符合社会主义初级阶段的实际。党的十二大开始肯定"劳动者的个体经济是公有制经济的必要补充"。十三大将"必要补充"的范围扩大为私营经济、中外合资合作经济、外商独资经济和个体经济。党的十四大根据实践的发展，进一步强调，多种经济成分长期共同发展，不是权宜之计，而是一项长期的方针。党的十五大则第一次明确提出，公有制为主体、多种所有制经济共同发展,是我国社会主义初级阶段的基本经济制度,非公有制经济是我国社会主义市场经济的重要组成部分。对我国社会主义所有制的认识,从"一大二公"到"必要补充"到"重要组成部分",再到共同发展逐级上升,从一个台阶上升到另一个新的台阶。

三、人类认识阶梯式发展来源于实践

人的认识来源于实践,依赖于实践,服务于实践。认识和实践的相互作用使人的认识发展必然沿着阶梯式的路径前进。

(一) 以资源勘查为例

人类利用矿产资源的初始形式是天然产出的某些矿物、岩石和高纯度金属矿石,随着科学技术的发展和规模生产的需要,全面正确地认识矿床的基本特征和成矿规律对于大规模勘查开发矿产资源就成为必须。由于研究对象的时空不可及性,很难做到"全面地、真实地"认识矿床的基本特征。此外,由于成矿作用受众多地质因素的影响,任何一位矿床学家都不可能阐明所有矿床的"主要控矿因素及其对成矿作用的影响机制"。因此,对矿床成因及成矿规律的认识必然是逐步提高的。迄今为止,所有探明的矿产储量无一不是各个时期实践积累及认识积累的结果。20 世纪 70 年代,江西地质人员在德兴铜矿勘查实践中逐步认识到其与国外称为斑岩型铜矿的成矿特征较为相似。认识斑岩型铜矿,当时对江西地质人员来说,是在认识上实现了一次飞跃,于是利用新获得的理性认识来指导德兴铜矿勘探实践,获得了成功,使原有资源量几乎翻了一倍,使德兴铜矿一跃成为世界级超大型斑岩型铜矿。又如,在油气勘查过程中,地质人员在 20 世纪50~60年代以大庆油田圈闭型构造油田作为主要勘查对象。后来逐步发现很多油田是非圈闭型构造油田,经过实践的积累,逐渐形成了一套对非圈闭型构造油田的认识,并据此指导新的实践,也获得一系列成功。

种种实践表明,人类认识阶梯式发展的实现途径只能是实践,而且这种阶梯式认识发展可以实现的关键环节在于影响事物变化发展的关键因素被认知。只有当关键的因素被掌握,关键的问题得到解决,人的认识才能产生飞跃,从一个阶梯跃升到另一个阶梯。这种认识上的提高使得资源勘查工作目标更加明确,大大提高了资源勘查的经济效益。同时,资源勘查和矿山开采也会反馈一些重要信息,弥补地质学家初始认识的不足。这样,就形成了一个理论来源于实践,实践丰富理论,理论又服务于实践、指导实践的良性循环。

（二）以中国对经济体制改革的认识为例

最初突破计划经济体制坚冰的，就是发端于农村的改革实践：安徽省凤阳县小岗村的 18 位农民于 1978 年冒着极大的风险进行土地承包活动，不仅开启了中国农村改革的道路，也拉开了中国改革开放的序幕。农村改革获得了成功，1984 年我国的粮食产量达到了历史最高水平。农村改革的成功促使我国的经济体制改革的重点从农村向城市转移。1984 年《中共中央经济体制改革的决定》标志着我国的经济体制改革从实践经验升华为理性认识，开始形成社会主义市场经济理论，这一文件也被邓小平认为是"马克思主义基本原理与中国实践相结合的政治经济学"。邓小平深有感触地指出，没有前几年的实践就不可能写出这样的文件，写出来也很不容易通过。[7]无数事实说明，我们对物质世界的深刻认识只能来源于实践。

四、阶梯式发展论的理论意义和实践意义

列宁曾经说过："没有革命的理论，就没有革命的运动。"[8]列宁在这里指出了理论对于实践的重要意义。提出阶梯发展论的落脚点也在于探讨它的理论意义和实践意义。

（一）阶梯式发展论的理论意义

1. 阶梯式发展是客观物质世界运动的一种重要形式

马克思主义认为，客观物质世界受三大规律的支配，即质量互变规律、否定之否定规律、对立统一规律。这三大规律既是一个整体，又各自具有独特的作用。质量互变规律揭示出事物发展的两种基本形式；否定之否定规律揭示出事物发展的过程和方向；对立统一规律揭示出事物发展的源泉和动力。三大规律在总体上揭示了客观物质世界发展的基本形式和方向。但客观物质世界的发展是复杂多样的，既有线性发展，也有非线性发展；既有常规式发展，也有跳跃式发展；既有直线式前进上升运动，也有螺旋式前进上升运动。阶梯式发展论在马克思主义基本原理的指导下，揭示了客观物质世界运动的又一种重要形式，这不单单是把马克思主义关于物质世界运动发展规律的学说进一步具体化，而是在某种程度上揭示了客观物质世界发展的新奥秘，加深了我们对客观物质世界的认识和理解。

2. 阶梯式发展是人类认识运动的一种重要形式

阶梯式发展论没有推翻也没有背离马克思主义关于人类认识基本规律的学

说，而是对人类认识基本规律进行了更为深入的研究，作出了新的解释。阶梯式发展论阐明了人类认识运动的一种重要形式。我们完全有理由说，阶梯式发展论为我们打开了观看客观世界的又一扇"窗户"，借助这扇"窗户"，我们可以看到"窗"外更多的美景，将会有更多的发现。

3. 阶梯式发展论是认识世界和改造世界的工具

马克思指出："哲学家只是用不同的方式解释世界，问题在于改变世界。"[9]马克思主义认为，理论不是用来欣赏的，而是用来指导实践的。我们研究理论的目的，不单是为了认识世界，更重要的是为了改造世界。符合客观实际的理论不仅能很好地解释世界，还能指导人们的实践活动。阶梯式发展论就是这样的一个理论。一方面，它揭示了客观物质世界和人类认识运动的重要形式，为我们提供了认识世界的一个新工具；另一方面，它揭示了客观世界和主观认识许多规律性的东西，为我们实际工作提供了指导原则和基本思路，帮助我们认识与了解客观物质世界运动的一种新的形式，帮助我们认识了解客观物质世界的复杂性和多样性，从而可以使我们更好地认识客观规律、遵循客观规律、按客观规律办事。

（二）阶梯式发展论的实践意义

1. 要勇于创新

阶梯式发展论告诉我们，客观事物发展不能也不会永远停留在一个台阶水平上，必然要向更高的台阶攀升。而推动和加速事物向更高台阶攀升的最重要的动力因素就是创新。胡锦涛同志于 2012 年 7 月 6 日在全国科技创新大会上的讲话中指出，"创新是文明进步的不竭动力"。正是人类勇于创新，才使人类文明从原始文明到农业文明、工业文明，再到现代文明，一层层地进步，一级级地更替。人类文明进步的动力是创新，一个国家、一个民族的发展，以至一个部门、一个单位，甚至是个人的发展，都离不开创新。所以在我们的实际工作中，既要尊重前人的工作成果和好的创新，又不能墨守成规。要善于发现问题，敢于提出问题，善于解决问题，在前人工作的基础上，不断地把我们的工作继续推向前进。

2. 要认真实践

阶梯式发展论告诉我们，人的认识来源于实践，人的认识之所以能够由一个台阶向另一个台阶上升，是实践、认识、再实践、再认识的结果，是唯物辩证法所揭示的量变与质变规律的体现。所以，认识和实践都要有一个量的积累过程，要扎扎实实、耐心细致地进行实践，才能促成认识由量变到质变的实现。所以要认识客观世界也好，改造客观世界也好，都需要进行充分的实践。没有一定实践量的积累，就不可能有认识上的飞跃。没有认识上质的飞跃，就不可能有效地指导实践行动。因此，我们在了解与把握阶梯式发展论的时候，就要敢于实践，就要积极地进行实践。仍以矿产勘查为例，在勘查的每一阶段，都要搜集丰富而又真实的第一手地质资料。感性材料不仅要十分丰富，而且要保证质量，真实可靠，符合实际，通过室内综合分析，获得对于矿床客观实际地质情况的正确而又较为全面的认识，以实现认识的飞跃。没有大量的基础工作，就没有认识和实践量的积累，就不可能实现量变到质变的飞跃，也就不可能使认识跃上新的台阶。

3. 要尊重规律

马克思主义认为，不仅自然界的发展变化受规律的支配，人类社会也具有自身规律的发展，两者都具有不以人的意志为转移的客观性。阶梯式发展论不是臆造的产物，而是客观物质世界发展规律的反映，是探索人类认识运动过程中发现并总结得出的一种理性认识，其有着坚实的客观依据。它提示我们，既然客观事物都是按一定规律发展变化的，那么我们做任何事都应尊重客观规律。无论是自然规律还是社会规律，其表现形式都是非常复杂的，发生作用的条件是多样的，所以认识起来绝不是容易的事，不要奢望一下子就能把握客观规律，而是要通过反复实践，反复探索，逐步提高我们对客观规律的认识，才能从一个台阶上升到另一个台阶。尊重客观规律与发挥人的主观能动性并不矛盾，我们在坚持阶梯发展论的同时，也需要发挥人的主观能动性，化大阶梯为小阶梯，尽量缩短阶梯的"宽度"，提高阶梯的"高度"。

4. 要循序渐进

阶梯式发展论告诉我们，客观事物发展和人们的认识都是遵循一个台阶、一个台阶似的逐步上升与发展的。阶梯式发展论体现在工作方法上即为"循序渐进"的原则，概括起来就是必要的工作阶段只可适当缩短，不可跳越。以矿产勘查为例，矿产勘查中的认识运动呈阶梯式发展前进，这就要求矿产勘查工作要严格按照各勘查阶段循序渐进地开展工作，不能急于求成，这样才有可能使我们对矿产情况有正确的、全面的认识。

5. 要善于反思

阶梯式发展论认为，认识运动的每一个台阶内部并不是"平滑"的，而是还会有小台阶和一些波动。这就要求我们及时进行反思，认真总结经验，发现问题，查找不足，巩固成绩，发现亮点和创新点。每一次总结都会是一个进步，都会使人们的认识上升到一个新的小台阶，都使人们的认识离"飞跃"和上升到更高的台阶更近一步。前面曾经讲过，台阶不能跨越，但是可以缩短。及时总结经验就是缩短台阶之间距离的最好的方法之一。

（朱训：全国政协原秘书长、原地质矿产部部长、中国自然辩证法研究会地学哲学委员会理事长）

参 考 文 献

［1］黄顺基．自然辩证法概论．北京：高等教育出版社，2004.

［2］地质矿产部书刊编辑室．钨矿地质讨论会议文集．北京：地质出版社，1981.

［3］山东地矿局．胶西北深部找矿主要科技进展．第2页．

［4］丁扬．把文化惠民做到实处，让全民共享公共文化成果．中国文化报．2011-6-27.

［5］朱训．朱训论文选·地学哲学卷．北京：中国大地出版社，2003.

［6］朱训．找矿哲学概论．北京：地质出版社，1992.

［7］邓小平．邓小平文选．北京：人民出版社，1994.

［8］中共中央党校教务部．马列著作选编．中共中央党校出版社，2002.

［9］马克思，恩格斯．马克思恩格斯选集．北京：人民出版社，1995.

阶梯式发展是量变质变规律的新表述

杨春贵

摘要：要重视学习理论，特别是学习哲学。毛主席、邓小平是重视哲学的。十一届三中全会是以哲学为起点和方法的。科学发展观也是哲学问题。阶梯式发展的提法是正确的，是量变质变规律的新表述。实现质的飞跃，要勇于开创新局面，上一个新台阶。

关键词：哲学；阶梯式发展；量变质变规律

今天用哲学作主题这样的会议，笔者认为开得不是很多，是太少了。

朱训同志 80 多岁高龄了，几十年孜孜不倦地学习哲学，应用哲学，并且努力地去发展哲学，他是我们一个很好的榜样。如果领导干部、科学家、企业家、广大的干部和群众，都来重视哲学，自觉地学习和应用哲学，我们工作的开展，肯定可以更顺利一些，问题肯定可以更少一些。我们的总书记，我们党校的校长习近平同志在担任党校校长的那几年，每个学期都到党校作报告，其中非常强调的问题就是学习理论，从报告的题目可以看出，他非常重视学习马克思主义哲学，他在那篇谈读书的文章中讲，读书要重视读马克思主义哲学的书。他后来又一次作报告，题目就为"学习马克思主义的立场、观点、方法"。他还作过一次关于调查研究问题的报告。在一次报告里，他提出要重视提高 3 种思维能力：战略思维、创新思维、辩证思维。

笔者举几个例子的目的是说明我们新的总书记是非常重视理论的，尤其是非常重视哲学。最近中央有一个决定，根据习近平在中委班讲话的精神，要编两本书，一本书叫做《社会主义五百年》，因为习近平在这次讲话中，就讲社会主义五百年的历史，从空想社会主义到马列科学社会主义，到列宁的社会主义，到苏联模式的社会主义，到今天改革开放以来的中国特色社会主义。另一本书就是写一本给干部看的马克思主义哲学，笔者还参加了那本书的研讨，研究提纲怎么写。党中央，我们的总书记十分重视学习理论，特别是学习哲学，这是一个非常好的传统。毛主席重视哲学，毛主席的《两论》《矛盾论》《实践论》就是中国革命经验的哲学总结，延安整风运动，就是解决哲学问题的，解决思想路线问题的，坚持实事求是，就是反对主观主义问题的。所以，毛主席是重视哲学的。中国特色社会主义理论的开创者和奠基者邓小平，也是重视哲学的，新时期怎么开创出来的？就是以哲学为起点和方法，十一届三中全会上，正是因为对思想路线的拨乱反正，才有政治路线各方面的拨乱反正，才有新时期，才有新道路，才有新理论，才有新局面。"三个代表"重要思想，在本质上也是个哲学问题，先进生产力是什么？回答的是生产力在人类社会历史中的作用问题，决定性作用问题；先进文化回答的是，先进文化在人类社会发展中的导向性作用问题，代表群众利益，那回答的是人类历史发展中，人民群众的主体作用问题，一个叫决定作用，一个叫导向作用，一个叫主体作用，3个作用发挥好了，中国共产党可以长期执政，中国没有问题，有问题也是小问题，不会出大的问题，所以也是哲学问题。

科学发展观也是哲学问题，关于发展问题上的马克思主义世界观、方法论的集中体现，其中最重要的是以人为本的唯物史观和统筹兼顾的辩证方法，科学发展观的哲学问题最重要就是这两条。所以这都是哲学问题，在理论武装工作中，重视哲学的武装，带有根本性的意义，就如毛主席所说："我建议同志们学习哲学，哲学没有搞通，就没有共同的语言、共同的方法，就会扯很多皮还扯不清楚。"所以笔者认为这个会的一个意义，就是提倡学哲学，各级干部，企业家、科学家、各行各业的人们，都应当重视哲学的学习，使我们的思想和工作能够达到一个新的境界，这是笔者的一个体会。

第二个体会，在学习哲学的过程中，在运用哲学解决问题的过程中，还应该努力发展哲学，这一点朱训同志给做出了一个很好的榜样。他的那本找矿哲学，在找矿哲学的基础上，又概括出了阶梯式发展的理论，他都是在非常自觉地为马克思主义哲学宝库提供新的东西。新的东西可以是发现某个规律，也可以是对某一个规律的更有意义的表述，发现规律很重要，有了这个规律以后，他给一个新的表述，这个表述能够被大多数人更好地接受，那也是贡献。方才那个同志说了，辩证法的规律有很多，基本规律有3条：根本规律、首要规律，第一条是矛盾规律，毛主席给了一个通俗的表述，一分为二，马克思、恩格斯、列宁都讲对立面的统一规律，毛主席讲一分为二，就可以更好地为广大干部群众所掌握。所以毛主席说，生产队长都懂得哲学，为什么？开会的时候他拿一个本子，第一，讲成绩；第二，讲缺点。毛主席说你们看，生产队长都懂得哲学，懂得一分为二。中国那么多人会讲一分为二，这了不起的，你到外国问什么是一分为二，他们不明白，马克思主义在我们这儿普及的，生产队长都懂得一分为二。否定之否定的规律，黑格尔就讲了，马克思改造了一下，变成唯物辩证法的否定之否定。

后来否定之否定又有一个螺旋式上升的说法，实际上螺旋式上升恩格斯就讲了，毛主席又给了一个名，波浪式发展。螺旋式，波浪式，这些说法都不是对新的规律的揭示，而是对已有的一个规律的表述，是对否定之否定规律的表述。毛主席的波浪式发展告诉我们什么？事物都是前进的，但不是笔直的，要准备走曲折的路，毛主席还顺便给我们讲这个波浪式，他说无线电叫什么？叫电波。太阳来了叫什么？叫光波。水叫什么？水波。热叫什么？热浪。毛主席说，波也好，浪也好，说的都是曲折前进，就告诉你，打仗也不能一味地进攻，那不可能的，进攻在一定条件下是防御和退却，然后再进攻，打仗就是这样的，正面打过去，然后绕个弯打侧面，侧面打赢了，正面已经进去了，包抄他们，你可以走弯路。毛主席讲到不能一味地工作，这样工作不是累死人了吗？工作、休息、再工作嘛。所有这些东西，都是对统一规律有了一个波浪式发展、曲折前进的表述，就可以被更多的干部群众所接受。理论本身不能实现什么，要实现理论，须有实践理论的人，把这个理论交给人，人用理论才能解决问题，离开实践的人，理论没有用。所以对一个规律科学的表述是很重要的。

阶梯式发展的提法是正确的。需要讨论的是，这个提法是辩证法什么规律的表述？笔者建议研究这个问题，究竟是什么规律？一分为二，是对立统一规律，波浪式发展，是否定之否定规律，那么阶梯式是什么规律？主要是量变质变规律的一种表述。事物都是过程，恩格斯讲世界不是事物的结合体，而是过程的结合体，事物都是过程，发生、发展、灭亡都是过程。而过程都区别于阶段，阶段之间有区别，阶段之间也有联系，通过量的积累达到质的飞跃。量变引起质变，量变到一定的关键点发生质变，质变又开始有新的量变，这是马克思主义辩证法的基本思想。

毛主席有一个关于部分质变的思想，总的量变过程中有部分质变，这个思想就丰富了辩证法。部分质变的思想，可以跟阶梯式联系起来。毛主席叫部分质变，邓小平讲经济叫台阶式，朱训同志叫阶梯式，邓小平讲经济台阶论，朱训同志把它上升为世界观，可以说是对量变质变的一个新的表述，特别是对部分质变的一个新的表述。既然事物发展过程中通过量的变化积累引起质的飞变，就进入了一个新的阶段，这是大的阶段。而每个大的阶段里边，又有一系列的量变，又有小的阶段。小的阶段，大的阶段，都是台阶，所以这是台阶式的发展规律，上楼要走台阶，人生一辈子就是无数个台阶，从自然属性来说，幼年到童年，到青年，到壮年，到老年，就是台阶，人的自然规律就是台阶。念书，小学、中学、大学，一个个都是台阶。社会也是台阶，就生产力来说，不是台阶吗？农业社会、工业社会、信息社会，一个个台阶，都是生产力量的增长，但是量的增长过程中是有阶段性差别的，有部分质变的，不是简单的量的增长，有质的飞跃的，工业社会跟农业社会当然是不同的。

可以说，阶梯式发展或台阶式发展，是量变质变规律的通俗表述。它告诉我们两点：第一，注意阶段之间的区别，这个台阶和那个台阶，那是有部分质变的，是有区别的，不能混淆的，你不能超越阶段，像儿童去学研究生的课，那肯定是不行的。一个早晨想把共产党搞起来，或者苦战 3 年改变面貌，或者跑步进入共产主义，你超阶段，你违背台阶了，你想从一级台阶一下上楼了，那上得去吗？摔得够呛。所以第一，要注意，不要超阶段，什么时候该干什么事就干什么事，不要去做那些经过努力也做不到的事情。为什么十八大报告带来一个提法，叫做建设中国特色社会主义的总根据，总根据是什么？初级阶段，初级阶段理论不是新理论，至少 1987 年就提出来了，到现在近三十年过去了，我们当然有很大的变化，我们经济总量增长，现在是世界第二，老百姓生活水平有很大提高，综合国力有显著增强，中国在国际上的地位的变化也是很大的。但基本国情没有变，社会主义初级阶段的主要矛盾没有变，发展中国家的地位没有变。所以基本路线不能变，发展战略不能变，基本制度不能变，大政方针不能变。要区别，不同的台阶，有不同的政策。

第二，当面临实现质的飞跃时，要勇于开创工作的新局面，上一个台阶。当量的积累达到一定程度，可以实现质的飞跃时，不要保守，要敢于突破原有的东西，上一个台阶。所以我们发展的 3 个阶段，第一阶段 20 世纪 80 年代，翻一番，解决温饱问题，80 年代完成任务了。然后我们目标 90 年代以后再翻一番，到 2000 年，实现小康，我们如期实现，提前了一两年。然后就进入了全面建设小康社会的新阶段，这就是 2010 年。那么 2010 接着再到 2020 年，2020 年之后再到 2050 又是一个大目标，两个百年目标，一个百年目标建成小康，实现工业化，再一个实现现代化，两个百年目标。所以在解决温饱之后，就鲜明地提出建设全面小康，当全面小康取得了比较大的成绩以后，就提出来全面建成小康，2020 年以后要进一步，那就要为基本实现现代化而奋斗，就要考虑后 30 年的问题了。

所以这个台阶式的理论，第一告诉我们阶段之间的差别；第二要注意阶段之间的联系和转化。所以它不仅有理论意义，而且有重要的实践意义，应当多多宣传这个思想，就像重视宣传一分为二，重视宣传波浪式发展一样重视阶梯式发展的宣传。

（杨春贵：教授，博士生导师，历任中央党校校委委员、中央党校副校长、中国人民政治协商会议第九届全国委员会委员、中国辩证唯物研究会会长）

阶梯式发展规律与辩证法三大规律的关系

刘增惠

摘要：阶梯式发展规律与辩证法的三大规律都体现了主观世界规律与客观世界规律的统一。二者在理论的提出、发展和成熟的过程有内在逻辑的一致性。阶梯式发展规律既继承了辩证法三大规律的精髓，又有所发展，给出了客观世界更为清晰的画面，解答了以前没有解答的问题。阶梯式发展规律理论的提出并不可能取代唯物辩证法的三大规律，而是对三大规律的发展的补充和完善。

关键词：阶梯式发展规律；三大规律；继承；发展

所谓规律，就是事物之间普遍、本质、必然的联系，规律具有客观性、重复性、普遍性和稳定性等特点。规律是客观存在的，但迄今为止我们所发现的客观世界的规律，并不是客观世界所呈现给我们的"本来面貌"，都是人们在认识客观世界过程中总结、归纳出来的，带有人为的"加工"的痕迹。辩证法的规律来源于黑格尔对西方认识发展史的考察，由马克思恩格斯发掘、整理和再创造，才完整清晰地呈现在世人面前。阶梯式发展规律是朱训对矿产勘查过程发展形式和勘查中认识运动形式的总结，并在客观世界和主观认识的方方面面得到验证，自阶梯式发展规律提出以后，已被越来越多的学者所认可。辩证法三大规律和阶梯式发展规律都是主观认识与客观实际相统一的体现，是主观世界与客观世界相统一的体现。物质是客观存在的，物质的发展规律也是客观的。但根据宇宙大爆炸理论，宇宙的物质是生成的，物质至今仍在生成着。因此，不断生成的物质的规律也是不断生成的。辩证法的三大规律和阶梯式发展规律都既具有客观性，也具有生成性。所谓生成性，就是说我们对规律并不能描述出它的最终形态，而是将规律置于发展变化的过程中去把握。而生成性就意味着规律不能与宇宙物质中的一部分——人类完全没有关系，就不能排除人的建构作用。我们对辩证法三大规律的起源、发展过程的考察，对辩证法三大规律与阶梯式发展规律关系的对比分析，目的是搞清楚两者之间内在的思想脉络和逻辑关系，揭示阶梯式发展规律在唯物辩证法发展过程中所体现出的理论意义和现实意义。

本文得到国家社会科学基金重大委托项目"地学哲学再研究——为了'找矿突破战略行动'"（批准号：13@ZH012）的资助。

一、辩证法三大规律的来源

西方认识史的基本矛盾及其演变是辩证法三大规律的起源地。在西方认识史上，感性认识与理性认识、归纳与演绎是认识过程中的基本矛盾，是人们讨论认识发展问题不变的主题。辩证法的规律源于人们对认识矛盾演变历史的总结，最初表现为认识发展的规律。认识领域这一基本矛盾可以追溯到古希腊，亚里士多德认为，对于个别具体事物的认识，离不开感性经验，但要想从中总结、概括个别事物所包含的一般，就需要依靠归纳。没有归纳就无法得到一般原理，就不能为证明提供根据，为演绎提供前提。由亚里士多德提出的感性认识与理性认识、归纳与演绎这一对矛盾的双方，在中世纪分别由唯实论和唯名论所代表。唯名论否认共相具有客观实在性，认为共相后于事物，只有个别的感性事物才是真实的存在。唯实论则否认个别事物的客观实在性，认为一般、共相是先于个别事物并派生出个别事物的实体，只有它们才是意识之外的客观实在。到了近代，唯名论演变为经验主义，唯实论演变为理性主义。

经验主义、归纳法的代表培根认为，人们的一切认识都必须从感官、直觉开始，先按次序一步一步地上升到"较低公理"，再从"较低公理"上升到"中间公理"，不断地扩大知识的范围和深度。理性主义、演绎法的代表笛卡尔则针锋相对，在认识论上，笛卡尔提倡"天赋观念"说，认为在一切观念之中，相对于人们从外部获得的观念和自我形成的观念，"天赋观念"乃是最重要的。康德看到了经验主义和理性主义都具有各自的片面性，主张将二者综合起来。康德认为，知识是人类同时透过感官与理性得到的。经验对知识的产生是必要的，但不是唯一的要素。把经验转化为知识，就需要理性，而理性则是天赋的。人类通过范畴的框架来获得外界的经验，没有范畴就无法感知世界。

黑格尔总结了西方认识史上矛盾运动的发展过程，特别是经验主义、理性主义、康德哲学在西方哲学史上的地位，以隐晦的形式提出了辩证法的三大规律，成为马克思主义理论的来源之一。黑格尔阐述他的辩证法思想借助了所谓三大工具，对应的就是人们后来熟知的三大规律。黑格尔把否定之否定规律表述为：正题—反题—合题。他认为，从经验主义到理性主义，再到康德的批判哲学，恰恰就是一个正、反、合的发展过程。黑格尔把对立统一规律表述为"纯粹概念"的内在矛盾（"本我"、"非我"），事物的内在矛盾转化推动事物演进和发展。矛盾普遍存在于事物存在和发展过程当中以及人们的思维活动中。矛盾运动转化又是一个量变引起质变的过程。黑格尔将绝对理念作为万事万物的开端，它自己建立自己的运动，而动力就在于它的内在的一分为二的矛盾，它的纯粹的单纯否定性，经历由量变到质变的运动过程，实现其对立的否定，自己恢复自己的同一性，回到绝对理念自身。黑格尔对绝对理念自我运动、自我否定、自我回归的运动的阐述借助了所谓"辩证法的三大工具"，也就是辩证法三大规律的雏形。

二、恩格斯对辩证法三大规律的阐释

黑格尔的辩证法是建立在唯心主义基础上的，是头脚倒置的辩证法。马克思恩格斯剥去了黑格尔辩证法的神秘外衣，恢复了唯物辩证法的唯物主义本质。恩格斯指出，辩证法的规律最初是由黑格尔全面地、不过是以神秘的形式阐发的，而剥去它们的神秘形式，并使人们清楚地意识到它们的全部的单纯性和普遍有效性，这是我们的期求之一。"马克思和我，可以说是把自觉的辩证法从德国唯心主义哲学中拯救出来并用于唯物主义的自然观和历史观的唯一人。"[1]黑格尔的辩证法是主观辩证法，走的是一条从主观到客观，"由头至脚"的思想路线。恩格斯走的则是与黑格尔相反的思想路线，他认为，黑格尔的"错误在于：这些规律是作为思维规律强加于自然界和历史的，而不是从中推导出来的……如果我们把事情顺过来，那么一切都会变得很简单……"[2]

恩格斯指出，辩证法的规律是从自然界和人类社会的历史中抽象出来的，是历史发展的两个阶段（自然史和人类史）和思维本身的最一般规律，因此，辩证法的规律是客观规律。恩格斯把辩证法的实质归结为三大规律，即量转化为质和质转化为量的规律；对立双方的相互渗透的规律；否定的否定规律。并用了大量物理学、化学、地质学、生物学等科学领域的事例，证明辩证法三大规律体现为自然界的普遍现象。

辩证法的三大规律首先是从自然界纷繁复杂的自然现象中抽象出来的，是马克思主义自然观的主要内容之一。自然观的形成是以自然科学的发展为前提的，新的自然观必然是建立在自然科学的重大发现和最新成果的基础上的。恩格斯指出，辩证法的三大规律不是凭空产生的，而是有其自然科学基础的，是建立在19世纪自然科学重大成果基础上的，也就是三大发现，即能量守恒定律、细胞学说和进化论。这三大发现为人们描绘出自然界和人类社会相互联系永恒发展的清晰的画面。有了这三大发现，"新的自然观就其基本点来说已经完备"。[3]恩格斯对辩证法三大规律与19世纪自然科学三大发现之间关系的分析，使辩证法三大规律的客观性建立在坚实的基础之上。

三、阶梯式发展规律对辩证法三大规律的继承

与辩证法的三大规律一样，阶梯式发展规律实质上也是来自于自然界和人类社会。哲学上的发展是指由小到大、由简到繁、由低级到高级、由旧事物到新事物的运动变化过程。发展有多种表现：一种是体量上的；一种是程度上的；一种是性质上的；一种是层级上的，即由低层级上升为高层级。阶梯式发展就属于层级式发展。正是在这个意义上，我们说阶梯式发展是物质世界辩证性质的体现之一。阶梯式发展规律即"按阶梯序次递进规律"[4]。阶梯式发展是物质世界运动和人类认识运动的重要运动形式，阶梯式发展规律既是客观世界发展的一种基本规律，也是主观世界发展的一种基本规律。因此，无论是客观世界的发展还是认识过程的发展都是呈阶梯式前进的，但在阶梯内部则是斜坡式（前半期）和波浪式（后半期）向前发展。此外，阶梯内部也可以存在更低级别的阶梯，后者的内部也包括斜坡式和波浪式发展形式的组合。这种形态反映了事物无限可分的特征。

就如同三大规律有其自然科学的基础一样，阶梯式发展规律也是建立在自然科学重大成果的基础上的。我们认为，阶梯式发展规律以系统科学为支撑。系统科学指以系统为研究对象的基础理论和应用开发学科组成的学科群。系统论以"系统"的观点看世界，认为自然界以系统方式存在，自然系统又是有层次的。社会同样以系统方式存在，也以层次的形式体现其发展。我们认为，阶梯式发展规律是系统观的进一步提升，成为主客观世界的普遍规律之一。

阶梯式发展规律继承了辩证法三大规律的精髓。首先，阶梯式发展规律继承了对立统一规律关于矛盾是事物发展动力的思想。对立统一规律主张，矛盾是普遍存在的，在具体事物的内部都存在着各种各样的矛盾，组成矛盾体系，其中主要矛盾在体系中居于支配地位，对事物的发展起决定作用。阶梯式发展规律理论在事物发展的根本原因上面与对立统一规律是一致的，同样主张事物发展的动力来自于事物的自身运动，事物内部对立面的相互同一、相互斗争、相互转化推动着事物从一个台阶登上更高的台阶。其次阶梯式发展规律继承了量变质变规律关于事物发展形式的思想。量变质变规律认为，量变和质变是事物发展的两种形式，量变是渐进式的变化，质变则是飞跃。量变和质变不是截然分开，而是相互渗透的。这一点量变质变规律表达的比较模糊，阶梯式发展规律则对此给出了清晰的图解。阶梯式发展规律理论告诉我们，事物发展呈阶梯状，大的阶梯由小的阶梯组成，这些小的阶梯实际上就是阶段性质变，由阶段性小的质变最后形成一个大的质变。第三，阶梯式发展规律继承了否定之否定规律关于事物发展路径的

思想。否定之否定规律将事物发展视为两次否定、三个阶段组成的一个完整过程。事物是螺旋式上升、循环式发展的。阶梯式发展规律与否定之否定规律既有一致的地方，也有不同的地方。从将事物的辩证发展过程视为一层层"梯级"发展来说，二者是一致的。但阶梯式发展规律没有发展过程中的"回复"，也没有螺旋式上升过程的前进式复归的特点。

当人们讨论辩证法三大规律的性质时，通常只注意到它的客观性和普遍性，忽略了它的具体性和特殊性。马克思在《资本论》第一卷第二版跋中引述了莫·布洛克对马克思分析方法的评价。布洛克认为，马克思研究的目的就是要证明社会关系一定秩序的必然性，以及这种秩序不可避免地要过渡到另一种秩序的必然性。而支配着社会秩序变化的规律不是抽象的，而是具体的，每个历史时期（社会秩序的类型）都有它自己的规律。一旦社会生活经过了一定的发展时期，由一定阶段进入另一阶段时，它就开始受另外的规律支配。马克思认为，布洛克对自己分析的评价是"恰当"的，而且他描述的正是"辩证方法"。[5]辩证法三大规律的实质就在于揭示了事物由一种状态转变为另一种状态、历史由一个阶段进展为另一个阶段的必然性。在这种前进的上升的过程中，不存在适用于一切状态、一切阶段的抽象规律。阶梯式发展规律理论之所以认为发展的阶梯不可撤销，也是主张要重视规律的具体性和特殊性，重视在不同的阶梯内规律的适用形式、表现形式。在这方面体现了阶梯式发展规律和辩证法三大规律之间深刻的内在的一致性。

四、阶梯式发展规律对辩证法三大规律的发展

阶梯式发展规律与辩证法三大规律是继承与发展的关系，而这种发展恰恰是我们研究和普及其理论的意义所在。首先讨论一下阶梯式发展规律对辩证法对立统一规律的发展。对立统一规律将事物发展的动力归结为事物内部对立面的斗争和相互转化，深刻揭示了事物变化的动力根源。但对立统一规律并没有说明矛盾双方的转化为什么就一定使事物呈现上行的趋向，也可能是平行的趋向，还有可能是下行趋势。例如，中国封建社会的主要矛盾是地主阶级和农民阶级的矛盾，相互斗争、相互转化的过程延续了2000多年，中国的封建社会几乎是沿水平线延续，并没有实现质的飞跃式发展。这一历史现象只有用阶梯式发展理论才能得到合理的解释。阶梯式发展论是以系统论为科学基础的，系统论认为，系统的开放性，系统之间的物质、能量、信息的交换是保证系统有序发展的前提条件。阶梯式发展论认为，阶梯内部事物发展的驱动能量既可以主要来自系统内部的自组织过程，也可以少量来自环境。但是，阶梯跃迁所需要的驱动能量则必然来自系统外。这就很好地解释了中国封建社会长期水平延续的原因——缺乏外部能量。

19 世纪中叶以后，当有足够的外部能量输入中国，才最终导致中国封建社会的解体和中国历史迈上新的台阶。阶梯式发展理论也可以为中国 1978 年的改革开放政策提供理论支持。历史上中国长期奉行闭关锁国的政策，致使中国的经济社会发展落后于先进国家。邓小平深刻反思了中国的历史经验，将对外开放定为我们国家的基本国策，使中国的经济社会面貌发生了翻天覆地的变化。由于对立统一规律是辩证法的实质和核心，量变质变规律和否定之否定规律只是对立统一规律的两种表现形式，阶梯式发展规律对对立统一规律的发展，实际已实现了对辩证法三大规律的整体性、实质性发展。

其次是对量变质变规律的发展。恩格斯在《自然辩证法》中将量变质变规律表述为："在自然界中，质的变化——在每一个别场合都是按照各自的严格确定的方式进行——只有通过物质或运动（所谓能）的量的增加或减少才能发生。"[2]在这里，恩格斯只是强调了量变是质变的前提条件，没有量变就不可能有质变。而对于量变质变过程中更为复杂的情况，没有展开论述。毛泽东总结了中国革命的历史经验，并将实践经验上升到哲学的高度，提出了总的量变中有部分质变的思想，在理论上解释了量变质变过程中的复杂情况，丰富了辩证法规律的内容。改革开放之初，邓小平针对中国经济发展的实际情况，提出了中国经济"三步走"的台阶式发展的战略规划，今天习近平提出"两个百年"，实现中华民族伟大复兴的目标，这是把毛泽东的"部分质变"思想用来指导中国经济建设的典型案例。历史事实说明，辩证法的规律不是一成不变的，而是随着实践的发展而发展，不断地丰富其内容。阶梯式发展规律不仅完成了对量变质变规律的新的表述，而且有所丰富和补充。量变质变规律只是对事物发展的两种基本形式作出了现象性的描述，而对于变化特别是质变的标准、机制、成因等并没有给出清晰、准确的解释。阶梯式发展规律则给出了质变的标准——跃进至新的台阶，并指出质变的机制、成因还在于有足够的外部能量输入。

第三是对否定之否定规律的发展。否定之否定规律主张螺旋式上升论，强调过程的曲折性，但有忽视质变和陷入循环论的缺陷。主张事物发展的"循环论"在西方有着悠久的传统，古希腊的阿那克西曼德和赫拉克利特已有把事物的发展看成是一个圆圈的思想，后来的西方哲学如康德、费希特、谢林等都有事物圆圈发展的思想，但他们所说的循环已不是简单的循环，而是事物由低级阶段发展到高级阶段，在高级阶段包含着低级阶段的某些东西。黑格尔把圆圈式发展提升到一种普遍形式，并以此作为构造他的哲学体系的基本方法。黑格尔指出："哲学就俨然是一个自己返回自己的圆圈……自己返回自己，自己满足自己，就是哲学这一科学唯一的目的、工作和目标。"[6]黑格尔的圆圈式运动就是他的否定之否定规律的另一种表述。后来的否定之否定规律的阐述者据此为事物的发展规定了循环往复和波浪式运转的模式。否定之否定规律的波浪式发展论，强调发展过程为高潮—低潮的交替，但忽略阶段性相对平衡台阶的存在。而且并不是所有的事物发展都要似乎回到起点，并不是所有高级阶段都包含着低级阶段的内容。阶梯式发展规律理论则强调了事物发展的前进上升运动，明确了事物变化的尺度，指明事物发展的梯次性、平衡性。

把握阶梯式发展规律对辩证法三大规律的发展，具有重要的理论意义和现实意义。辩证法三大规律建立在19世纪中叶科学发现的最新成果之上，揭示了物质世界普遍联系与永恒发展的两大特性。阶梯式发展规律则建立在20世纪自然科学的成果之上，与系统自然观具有高度的一致性。系统自然观认为，层次性是自然界的基本属性。层次性就是阶梯性，在这个意义上，阶梯式发展规律对物质世界发展方向与方式的揭示，既和辩证法三大规律相一致，又比辩证法三大规律要清晰得多。

辩证唯物主义作为马克思主义的世界观和方法论在我国的思想理论领域具有指导性的地位，这种指导性的地位是不可动摇的。阶梯式发展规律理论的提出并不是要取代唯物辩证法的三大规律，而是对三大规律的发展、补充和完善。马克思主义的理论品格是与时俱进，它要随着社会主义革命和建设的实践进程不断发展，不断增加新的内容。习近平在中共中央政治局第二十次集体学习时强调，坚持运用辩证唯物主义世界观和方法论，努力提高解决我国改革发展基本问题的本领。习近平还指出，我国仍处于并将长期处于社会主义初级阶段，这个基本国情没有改变，但我国经济社会发展每个阶段呈现出新的特点。经过30多年改革开放，我国基本国情的内涵不断发生变化，这就要求我们辩证分析我国经济发展阶段性的特征。准确把握我国不同发展阶段的新变化新特点，使主观世界更好符合客观实际，按照实际情况决定工作方针。社会主义初级阶段是一个长期的、跨度很大的历史阶段，其中又可以分为一些小的阶段。从总体上把握社会主义发展的阶段性特点，在坚持辩证思维辩证方法的基础上，阶梯式发展规律理论可以提供很好的思维方法、工作方法。阶梯式发展规律说既主张事物的阶段式上升发展，又注重对每个阶段的特点进行具体分析，对辩证唯物主义的世界观和方法论做了很好的补充。

（刘增惠：中国地质大学马克思主义学院（北京）副教授，硕士生导师，研究方向为马克思主义基本原理）

参 考 文 献

［1］马克思，恩格斯．马克思恩格斯选集：第三卷，北京：人民出版社，1995：349．

［2］马克思，恩格斯．马克思恩格斯选集：第四卷．北京：人民出版社，1995：311．

［3］马克思，恩格斯．马克思恩格斯选集：第四卷．北京：人民出版社，1995：270．

［4］朱训．找矿哲学概论．北京：地质出版社，2008：134．

［5］马克思，恩格斯．马克思恩格斯选集：第二卷．北京：人民出版社，1995：110-111．

［6］黑格尔．小逻辑．北京：商务印书馆，1981：59．

阶梯式发展：诠释科学发展路径

朱 训

摘要： 党的十八大明确了科学发展观是我们党必须长期坚持的指导思想。阶梯式发展的内涵，就是指事物发展具有一种从一个台阶上升到更高台阶的属性。这种属性普遍存在于客观物质世界，而人的认识是对客观世界的主观反映，所以阶梯式发展也是人的认识发展的重要形式。科学发展观是马克思主义理论的最新成果，阶梯式发展也是在马克思主义哲学思想的基础上产生的理论，不仅符合科学发展观的要求，而且是实现科学发展的方式和路径。

关键词： 阶梯式发展；广泛性；推动科学发展

一、阅 读 提 示

全国政协原秘书长、原地质矿产部部长、中国地质大学原校长朱训在长期的地质工作和矿产勘察实践中，总结出了一套独特的找矿哲学，并撰写了《找矿哲学概论》一书。近年来，朱训在找矿哲学的基础上，运用马克思主义的哲学观，根据地质构造的阶梯式分布原理，提炼出阶梯式发展理论，使阶梯式发展由自然科学上升为社会科学。

党的十八大明确了科学发展观是我们党必须长期坚持的指导思想。阶梯式发展的内涵，就是指事物发展具有一种从一个台阶上升到更高台阶的属性。这种属性普遍存在于客观物质世界，而人的认识是对客观世界的主观反映，所以阶梯式发展也是人的认识发展的重要形式。科学发展观是马克思主义理论的最新成果，阶梯式发展也是在马克思主义哲学思想的基础上产生的理论，不仅符合科学发展观的要求，而且是实现科学发展的方式和路径。

二、阶梯式发展思想的提出

在我国矿产勘查实践中，通常将矿产勘查过程分为 3 个大的阶段：矿产普查、矿产详查和矿产勘探。其中，每个大阶段又分野外工作和室内工作两个小阶段。普查的目的在于发现矿产；详查的目的在于查证经普查发现的矿产是否具有工业开发价值；勘探的目的是对经详查证实具有工业价值的矿床进一步查明矿床地质和资源情况，并提供用于矿山设计建设和开发利用的资料。这3个阶段是从"发现"到"评价"再到"探明"的过程，紧密联系、顺序衔接地构成了矿产勘查过程的整体。随着矿产勘查工作由普查向详查、勘探推进，矿床勘查程度一步一个台阶地提高，从事矿产勘查工作的地质人员对矿床的认识程度也像一个台阶、一个台阶似的逐步加深。

矿产勘查运动过程这种台阶式的发展形式，与马克思主义经典著作中讲的"螺旋式上升"和"波浪式前进"这两种事物发展运动的形式既有共同之处，也有不同之处。其共同点是三者皆具有"曲折性与前进性的统一"的特点；不同之处在于台阶式发展总体上没有"波浪式前进"形式中的"波峰"与"波谷"之分，而只是在台阶内部可能出现有小的波动，也没有"螺旋式上升"形式中的"前进式上升"与"复归式上升"之分。

基于这样的分析，笔者认为矿产勘查过程中的发展形式是一种新的发展形式，于是大胆地将台阶式发展形式命名为"阶梯式发展"。

阶梯式发展是一个非线性上升的、前进的运动过程，发展是不平衡的。每个上升阶段之间都是质的飞跃，是从量变到质变的过程。而且，在认识的每个阶段，都包含"实践—认识—再实践—再认识"的循环上升过程。阶梯式发展论表明，客观世界物质运动和人类的认识过程不是简单的直线上升式向前发展，发展是有阶梯性的，各台阶之间的界限是分明的。尽管人们可以创造各种主客观条件缩短台阶间的距离，但在一般情况下，阶梯是不可跨越的。任何试图省略和跨越的做法，都会脱离客观规律，会在认识和实践中出现盲目性和偏差。

三、阶梯式发展具有广泛性

无论是自然界的物质运动，还是人类的认识运动，以及人类社会改造自然的社会运动，都具有阶梯式发展的特点。阶梯式发展论正是对主、客观世界事物运动规律的反映。

第一，人类分工、所有制的阶梯式发展。马克思、恩格斯在《德意志意识形态》一书中对人类分工和所有制发展的历史进行了考察，揭示了人类社会阶梯式发展的本质。人类社会历史上经历过几次大的社会分工，第一次是农业和畜牧业的分工，分工带来了交换，也为私有制的产生提供了物质基础。第二次是农业和手工业的分工，扩大了交换的范围，加速了私有制的产生。第三次是农业、畜牧业、手工业与商业的分工，产生了一个专门从事商品交换的商人阶层，商品生产和交换迅速发展，私有制成为占统治地位的所有制形式。分工的发展是所有制更替的内因。马克思、恩格斯认为，人类社会发展至他们所处的时代经历了4种所有制，即部落所有制、公社所有制和国家所有制、封建（等级）所有制、资产阶级所有制。每一次所有制的更替都是与分工的发展相对应的，都是上升至更高级的阶段。

第二，对社会主义经济体制认识的阶梯式发展。新中国成立之后，我国实行计划经济，高度集中的计划经济体制束缚了生产力的发展。而改革开放以来，经济体制改革经历了4个台阶：第一个台阶，1981年党的十一届六中全会提出"计划经济为主，市场调节为辅"的方针；第二个台阶，1984年党的十二届三中全会首次提出"在公有制基础上有计划的商品经济"的新概念；第三个台阶，党的十三大提出"计划经济与市场调节相结合"；第四个台阶，党的十四大明确把建立社会主义市场经济体制作为我国经济体制改革的目标，使我们对这一问题的认识又上升到一个新的台阶。

第三，自然界发展的阶梯式。从宇观到微观，从无机界到有机界，人们都能见到这种层次性：在宇观世界，存在着行星系、恒星系、星系、星系团、超星系团、总星系等层次；在微观世界，有分子、原子、原子核和基本粒子等层次。自然界不同层次之间具有不同的质的规定性和量的规定性，是量变与质变、连续性与间断性的统一。美籍匈牙利哲学家拉兹洛指出："自然界的组织结构就像一座复杂的、多层的金字塔——在它的底部是许多相对简单的系统，在它的顶部是几个（极顶是一个）复杂的系统。"自然界的组织结构是复杂的，但总体上是沿着由简单到复杂，由低级到高级的阶梯式路径演化、前进。

第四，地质领域的阶梯式成矿表现。最典型的就是赣南钨矿的"五层楼"模型，根据地质专家的研究，赣南以及南岭地区分布在花岗岩体外接触带变质岩中的钨矿，可按矿带结构的垂直变化及各矿带的工业价值划分为5个矿带。可见，成矿系统发展的阶梯性以多重嵌套为特征，是自然界的层次性组成、阶梯式发展的典型例证。近年来，山东胶西北地区"阶梯式成矿模式"的发现，为阶梯式发展论在自然界、地质学领域又提供了一个新的例证。山东省地质矿产勘查开发局地质人员在胶西北地区找矿的过程中，发现三山岛、焦家、招平等大型金矿的控矿构造带在沿倾斜方面不是呈直线式向深部延展，而是在自地层浅部向深部延展途中出现一系列倾角较为平缓的台阶。结果陆续在两个台阶上分别发现了拥有105t和126t金矿储量的两个大金矿，据地质人员预测，在更深部的台阶上还可能存在以百吨储量计的大金矿。山东地质人员所总结的阶梯式成矿理论，不仅丰富了山东"焦家式"金矿成矿理论，而且为以后找矿指明了一个新的方向。

此外，阶梯式发展还广泛存在于人们的日常生活中。最常见的就是爬楼梯，住在楼房里的人们总要一个台阶、一个台阶地向上走，楼层之间转折处的平台可以说是一个大台阶，经过稍事休息又一级一级向上爬，直至所要到达的楼层。再如，登山过程也是阶梯式发展的过程。为了到达顶峰，总要在途中设几个营地，在每个营地休整总结后再继续攀登，直至到达顶峰。

四、按照阶梯式发展规律推动科学发展

科学发展强调以人为本，促进全面、协调、可持续发展。阶梯式发展是实现科学发展的重要方式，充分体现在我国发展的一系列战略部署上。改革开放以后，邓小平同志提出的"三步走"发展战略，是一个典型的通过阶梯式发展实现科学发展的实例。我国的经济建设布局也是从沿海带动到西部大开发，从振兴东北老工业基地到中部地区崛起，最终实现促进东、西部地区经济合理布局和协调发展"两个大局"的台阶式发展历程。党的十八大报告提出大力推进生态文明建设，将"四位一体"总体布局提升为"五位一体"，也是通过阶梯式发展实现科学发展的具体体现。

由此可见，阶梯式发展的理论意义在于丰富了马克思主义哲学，揭示了客观物质世界新的发展规律，发展了马克思主义认识论，创新性地坚持了认识来源于实践的辩证唯物主义基本原理。阶梯式发展就是科学发展的方法论意义的具体体现，它的最大价值就是提出了实现科学发展的方式和路径。与此同时，阶梯式发展的实践意义在于可以为各方面工作提供理论基础，提供认识论和方法论的指导，有助于我们改进思维方式和工作方法。

在实际工作中，按照阶梯式发展规律推动科学发展进程，应抓住以下几个重点。

一是要尊重规律。阶梯式发展认为，既然客观事物都是按一定规律发展变化的，那么我们做任何事都应尊重客观规律。无论是自然规律还是社会规律，其表现形式都是非常复杂的，发生作用的条件是多样的，所以不要奢望一下子就能把握客观规律。要通过反复实践和探索，逐步提高对客观规律的认识，才能从一个台阶上升到另一个台阶。

二是要勇于创新。阶梯式发展认为，事物发展不能也不会永远停留在一个台阶水平上，必然要向更高的台阶攀升。而推动和加速事物向更高台阶攀升的最重要的动力因素就是创新。胡锦涛同志在全国科技创新大会上指出，创新是文明进步的不竭动力。正是勇于创新，才使人类文明从原始文明到农业文明、工业文明，再到现代文明，逐级地进步与更替。大到人类文明进步，小到个人发展，都离不开创新。所以在实际工作中，我们既要尊重前人的工作成果，又不能墨守成规。要善于发现问题，敢于提出问题，善于解决问题，不断地把我们的工作推向前进。

　　三是要认真实践。阶梯式发展认为，人的认识之所以能够由一个台阶向更高台阶上升，是实践、认识、再实践、再认识的结果，是唯物辩证法所揭示的量变与质变规律的体现。所以，认识和实践都有一个量的积累过程，要扎扎实实、耐心细致地进行实践，才能促成认识由量变到质变的实现。

　　四是要循序渐进。阶梯式发展论告诉我们，客观事物的发展和人们的认识都是遵循台阶式上升与发展规律的。阶梯式发展论体现在工作方法上即为"循序渐进"原则，概括起来就是：必要的工作阶段只可适当缩短，不可跳越。

　　五是要善于反思。阶梯式发展论认为，认识运动的每一个台阶内部并不是"平滑"的，还是会有小台阶和一些波动。这就要求我们及时进行反思，认真总结经验、发现问题、查找不足、巩固成绩、发现亮点和创新点。每一次总结都会是一个进步，都会使人们的认识上升到一个新的小台阶，都会使人们的认识离"飞跃"和上升到更高台阶更近一步。

　　（朱训：全国政协原秘书长、原地质矿产部部长、中国自然辩证法研究会地学哲学委员会事事长）

阶梯式发展是实现科学发展的重要方式

朱 训

摘要：客观世界的物质运动、人类的认识运动、人类社会改造自然的运动和改造社会运动都具有阶梯发展的特点，是实现科学发展的重要方式。遵循阶梯式发展规律，必将推动科学发展。

关键词：阶梯式发展；科学发展

笔者通过对自然界、人类社会和日常生活中的各种现象的悉心观察与研究，发现无论是客观世界的物质运动，还是人类的认识运动，以及人类社会改造自然的社会运动和人们的日常生活之中，都具有阶梯式发展的特点。

阶梯式发展的内涵，就是指事物发展具有随时间从一个台阶跃进到更高一级台阶的属性。阶梯式发展论不仅符合科学发展观的要求，更为科学发展观的实现提供了哲学依据和可行途径。

党的十八大将科学发展观和邓小平理论、"三个代表"重要思想一道作为我们党必须长期坚持的指导思想，为我国社会主义现代化建设的发展指明了方向。科学发展观是马克思主义理论中国化的最新成果。科学发展观的本质就是按照事物发展的客观规律办事。阶梯式发展的内涵，就是指事物发展具有随时间从一个台阶跃进到更高一级台阶的属性。这种属性普遍存在于自然域、主观域和社会域事物之中。阶梯式发展论反映了人们主观认识来源于实践的规律，体现了存在决定意识这一辩证唯物主义的基本原理。阶梯式发展论不仅符合科学发展观的要求，更为科学发展观的实现提供了哲学依据和可行途径。

一、阶梯式发展论的提出

1991 年春，笔者在中央党校学习期间，学习运用马克思主义哲学的基本原理，总结了新中国成立 42 年来矿产勘查实践的经验。根据矿产勘查过程呈台阶式发展和地质工作者对矿产地质情况认识程度随着勘查工作程度的逐步提高而呈台阶式逐步提高的客观规律，首次提出了阶梯式发展的理论观点[1]。

在我国矿产勘查实践中，通常将矿产勘查过程分为 3 个大的阶段：矿产普查、矿产详查和矿产勘探。其中，每个大阶段又分野外工作和室内工作两个小阶段。野外工作是从事地质工作实践，室内工作是通过分析野外实践期间所获得的资料，提高对矿产情况的认识。这3个阶段既密切相关，又有质的区别，其发展过程也就是实践、认识、再实践、再认识的过程。普查的目的在于发现矿产；详查的目的在于评价在普查阶段发现的矿产是否具有工业开发潜力；勘探的目的是对在详查阶段证实具有工业开发潜力的矿床进一步探明矿床地质和资源情况，提供可用于矿山建设设计和开发利用的资料。这3个阶段是从"发现"到"评价"再到"探明"的过程，紧密联系、顺序衔接地构成了矿产勘查过程的整体。随着矿产勘查工作由普查向详查、勘探推进，矿床勘查程度一步一个台阶地提高，从事矿产勘查工作的地质人员对矿床的认识程度也像一个台阶、一个台阶似的逐步加深。据此，在中央党校学习期间写了一篇论文《阶梯式发展是矿产勘查过程中认识运动的主要形式》，在内部刊物上发表，首次提出"阶梯式发展论"的理论观点。

自1991年提出阶梯式发展理论观点以来的20多年间，笔者通过对自然界、人类社会和日常生活中的各种现象的悉心观察与研究，发现无论是客观世界的物质运动，还是人类的认识运动，以及人类社会改造自然的社会运动和人们的日常生活之中，都具有阶梯式发展的特点。据此，专文论述"阶梯式发展是物质世界运动和人类认识运动的重要形式"[2]。

阶梯式发展论认为：阶梯式发展形式与马克思主义经典著作中论及的"螺旋式上升"和"波浪式前进"这两种事物发展形式既有共同之处，也有不同之处。其共同点是三者皆具有"曲折性与前进性的统一"的特点；不同之处在于阶梯式发展总体上没有"波浪式前进"形式中的"波峰"与"波谷"之分，而只是在台阶内部可能出现有小的波动，也没有"螺旋式上升"形式中那种"前进式上升"与"复归式上升"之分。

阶梯式发展论的意义不仅从理论上揭示了客观物质世界运动和人类认识运动的发展规律，丰富和发展了马克思主义发展学说和认识论，还在于指出了阶梯式发展是实现科学发展的重要方式和路径。

二、阶梯式发展是物质世界运动和人类认识运动的重要形式

近20年的观察研究表明，阶梯式发展是自然界、人类社会和日常生活中相当广泛与常见的一种发展形式。

1. 自然界具有阶梯式的层次属性

从微观世界到宏观世界，人们都能见到这种层次性：在宇观世界，存在着行星系、恒星系、星系、星系团、超星系团、总星系等层次；在微观世界，有分

子、原子、原子核和基本粒子等层次。自然界不同层次之间具有不同的质的规定性和量的规定性，是量变与质变、连续性与间断性的统一。美籍匈牙利哲学家拉兹洛指出："自然界的组织结构就像一座复杂的、多层的金字塔——在它的底部是许多相对简单的系统，在它的顶部是几个（极顶是一个）复杂的系统。"自然界的组织结构是复杂的，但总体上是沿着由简单到复杂，由低级到高级的阶梯式路径演化、发展、前进的。

2. 人类社会分工、所有制阶梯式发展

马克思、恩格斯在《德意志意识形态》一书中对人类社会分工和所有制发展的历史进行了考察，揭示了人类社会阶梯式发展的本质。人类社会历史上经历过几次大的社会分工，第一次是农业和畜牧业的分工，分工带来了交换，也为私有制的产生提供了物质基础。第二次是农业和手工业的分工，扩大了交换的范围，加速了私有制的产生。第三次是农业、畜牧业、手工业与商业的分工，产生了一个专门从事商品交换的商人阶层，商品生产和交换迅速发展，私有制成为占统治地位的所有制形式。

马克思、恩格斯认为，人类社会发展至他们所处的时代经历了4种所有制，即部落所有制、公社所有制和国家所有制、封建（等级）所有制、资产阶级所有制。每一次所有制的更替都是与分工的发展相对应的，都是一个台阶一个台阶式地上升至更高级的阶段。

3. 社会形态的阶梯式发展

就生产力发展水平和社会形态来看，人类社会也是从原始社会、农业社会、工业社会、信息社会，一个台阶一个台阶地向前发展的。

中华人民共和国的成立标志着我国社会形态从半殖民地半封建社会进入了新民主主义社会。1956年，在社会主义改造完成之后，又使我国社会形态进入了社会主义社会。社会主义是共产主义的初级阶段，实现共产主义是我们党的最终奋斗目标。但从我国目前的实际出发，党的十三大做出我国社会还处在社会主义的初级阶段这个论断，也体现了阶梯式发展的特征。

4. 对社会主义经济体制认识的阶梯式发展

新中国成立之后，我国实行计划经济体制。高度集中的计划经济体制有利于"将钱花在刀刃上"，曾经为国民经济迅速发展做出了重大贡献。随着发展环境的变化，这种体制逐渐成为生产力发展的束缚，经济体制改革成为必然。

改革开放以来，经济体制改革又经历了4个台阶：第一个台阶，1981年党的十一届六中全会提出"以计划经济为主，市场调节为辅"的方针；第二个台阶，1984年党的十二届三中全会提出"在公有制基础上有计划的商品经济"的新概念；第三个台阶，党的十三大提出"计划经济与市场调节相结合"；第四个台

阶，党的十四大明确把建立社会主义市场经济体制作为我国经济体制改革的目标，使我们对这一问题的认识又上升到一个新的台阶。

5. 地质领域的阶梯式发展

在地球演化方面，地球在 46 亿年的演化发展过程中经历了从太古界、元古界到古生代、中生代、新生代一个台阶又一个台阶似的向前发展。随着地球演化，在生命进化方面，从细胞生命起源到寒武纪生命大爆发，最终从猿到人，都是一个台阶一个台阶似的发展。

在地质构造方面，青藏高原的隆升是地球演化过程中一个重大事件。青藏高原之所以有今天这样的状况，是因为印度板块与欧亚板块的碰撞、拼合与挤压。而这个过程也是呈阶梯式发展的。据地质专家研究，青藏高原的隆升过程经历了俯冲碰撞隆升阶段、汇聚挤压隆升阶段和均衡调整隆升阶段。

在成矿规律方面，区域成矿规律和单个矿床成矿过程都有阶梯式发展的特点。江西地质专家在研究钨矿成矿过程中提出的"五层楼"模型也是阶梯式发展的典型代表。根据地质专家的研究，赣南及南岭地区分布在花岗岩体和内外接触带变质岩中的钨矿，可按矿带结构的垂直变化及各矿带的工业价值划分为 5 个质量不同的矿带。山东胶西北地区"阶梯式成矿模式"的发现，不仅找到了两个近百吨级大金矿，而且为阶梯式发展论在自然界、地质成矿领域又提供了一个新的例证。

6. 日常生活中的阶梯式发展

阶梯式发展广泛存在于人们的日常生活之中。最常见的就是爬楼梯。住在楼房里的人们总要一个台阶、一个台阶地向上走，楼层之间转折处的平台可以说是一个大台阶，经过稍事休息又一级一级地向上爬，直至所要到达的楼层。

再如，登山过程也是阶梯式发展的过程。为了到达顶峰，总要在途中设几个营地，在每个营地休整总结后再继续攀登，直至到达顶峰。又如世界各国实行的教育制度，也都是阶梯式的教育制度。从幼儿园、小学、中学、大学、研究生教育等，一个台阶一个台阶地向前发展。

三、中国社会主义建设事业的阶梯式发展

自 1949 年中华人民共和国成立以来经济社会发展的历史实践充分证明：阶梯式发展是实现科学发展的有效途径。

1. 中国经济呈阶梯式发展

1949 年，新中国成立后，我国经济建设基本上是在没有现代工业和农业的

落后的基础上进行的。通过恢复国民经济，1952 年我国 GDP 总量达 679 亿元。

1956 年，社会主义改造完成后，我国经济水平上了一个新台阶，GDP 总量达 1028 亿元，约为 1952 年 GDP 总量的 1.51 倍。

1978 年，通过社会主义建设，初步建立起了我国完整的工业体系，我国 GDP 总量达到了 3264.1 亿元，约为 1956 年 GDP 总量的 3.175 倍。我国的经济水平又上了一个大台阶。这是改革开放后进行社会主义现代化建设的重要平台。

改革开放以后，邓小平同志从经济发展角度提出的"三步走"发展战略，是一个典型的通过阶梯式发展实现科学发展的实例。第一步，1980～1987 年实现了全国 GDP 总量翻一番，解决人民的温饱问题；第二步，1987～2000 年全国 GDP 总量又翻一番，人民生活达到小康水平；第三步，2000～2050 年人均 GDP 达到世界中等发达国家水平，人民生活富裕，基本实现现代化。邓小平的"三步走"目标正在实现着。2012 年全国 GDP 总量达到 51.9 万亿元，约为 1978 年 GDP 总量的 15.9 倍。历史表明，我国经济的发展是一个台阶、一个台阶似的向前发展的。习近平总书记在参观《复兴之路》大型展览时提出的中华民族伟大复兴的中国梦，也是要通过两个百年的大台阶来实现的。

2. 社会主义建设总体布局呈阶梯式发展

1983 年邓小平同志在会见印度共产党中央代表团的讲话中提出中国社会主义现代化建设要物质文明和精神文明建设一起抓。党的十六大提出政治建设、文化建设、社会建设"三位一体"作为建设小康社会的重要目标。党的十七大报告提出经济建设、政治建设、文化建设、社会建设四位一体的社会主义建设的总体布局。党的十八大报告提出大力推进生态文明建设，将"四位一体"社会主义建设总体布局提升为"五位一体"。这是通过阶梯式发展实现科学发展的具体体现。

3. 社会主义建设空间布局的阶梯式发展

我国经济建设的空间布局也是一个台阶一个台阶向前推进的。从沿海带动到西部大开发，从振兴东北老工业基地到中部地区崛起，最终实现促进东、西部地区经济合理布局和协调发展"两个大局"的台阶式发展历程。

以上事实说明，阶梯式发展是实现科学发展的重要方式，是科学发展观的方法论意义的具体体现。

四、遵循阶梯式发展规律，推动科学发展

在实际工作中，运用阶梯式发展规律推动科学发展的进程中应抓住以下几个要点。

（1）要尊重规律。阶梯式发展论认为，既然客观事物都是按一定规律发展变化的，那么我们做任何事都应尊重客观规律。要尊重客观规律，首先要正确认识客观规律，准确地把握客观规律，切切实实地按照客观规律办事。无论是自然规律还是社会规律，其表现形式都是非常复杂的，发生作用的条件是多样的，所以不要奢望一下子就能把握客观规律。要通过反复实践和探索，逐步提高对客观规律的认识，准确地认识把握发展过程中各阶段的性质、内涵和特点，并针对性地争取实现各个阶段目标任务的战略措施。只有这样，才有可能把我们的事业从一个台阶推进到另一个更高一级的台阶，直至我们的终极目标。

（2）要勇于创新。阶梯式发展论认为，事物发展不能也不会永远停留在一个台阶水平上，必然要向更高的台阶攀升。而推动和加速事物向更高台阶攀升的最重要的动力因素就是创新。胡锦涛同志2012年在全国科技创新大会上指出，创新是文明进步的不竭动力。正是勇于创新，才使人类文明从原始文明到农业文明、工业文明，再到现代文明，逐级地进步与更替。大到人类文明进步，小到个人发展，都离不开创新。所以在实际工作中，我们既要尊重前人的工作成果，又不能墨守成规。要善于发现问题，敢于提出问题，善于解决问题，不断地把我们的工作推向前进。

（3）要认真实践。阶梯式发展论认为，人的认识之所以能够由一个台阶向更高台阶上升，是实践、认识、再实践、再认识的结果，是唯物辩证法所揭示的量变与质变规律的体现。所以，认识和实践要实现一次质的飞跃，要跃升上一个新的台阶，都有一个量的积累过程。这就是说，只有扎扎实实、耐心细致地进行实践，才能促成量变到质变的飞跃。

（4）要循序渐进。阶梯式发展论告诉我们，客观事物的发展和人们的认识都是遵循台阶式上升与发展规律的。阶梯式发展论体现在工作方法上即为"循序渐进"原则，概括起来就是：从总体上看，发展运动过程中，发展阶段要严格遵守，必要的阶段只可适当缩短，一般情况下不可跨越。就像对待我国社会处于社会主义初级阶段一样，扎扎实实地工作，不能操之过急地谋求一步就跨进共产主义。党的十五大报告中有这样一段表述："十一届三中全会前，我们在建设社会主义中出现失误的根本原因之一，就在于提出的一些任务、政策超越了社会主义初级阶段。近20年改革开放和现代化建设取得成功的根本原因之一，就是克服了那些超越阶段的错误观念和政策，又抵制了抛弃社会主义基本制度的错误观念。"

（5）要善于反思。阶梯式发展论认为，物质运动和认识运动的每一个台阶内部并不是"平滑"的，还是会有小台阶和一些波动[2]。这就要求我们及时进行反思，认真总结经验、发现问题、查找不足、巩固成绩、发现亮点和创新点。每一次总结都会是一个进步，都会使人们的认识上升到一个新的小台阶，都会使人们的认识离"飞跃"和上升到更高台阶更近一步，都会使我们的工作获得新的进展新的成就。

（朱训：全国政协原秘书长、原地质矿产部部长、中国自然辩证法研究会地学哲学委员会理事长）

参 考 文 献

［1］朱训. 从矿产勘查过程看认识运动的"阶梯式发展". 自然辩证法研究，1991，（10）：7-11.

［2］朱训. 阶梯式发展是物质世界运动和人类认识运动的重要形式. 自然辩证法研究，2012，（12）：1-7.

阶梯式发展是实现中国梦的科学发展方式

朱　训

摘要：笔者从人类社会的阶梯式发展、社会主义理论经济体制的阶梯式发展、社会主义建设总体布局的阶梯式发展、中国经济的阶梯式发展诸方面，论证了阶梯式发展是实现中国梦的科学发展方式。

关键词：阶梯式发展；中国梦；科学发展

习近平总书记于 2012 年 11 月 29 日参观《复兴之路》大型展览时提出，通过两个百年奋斗实现中华民族伟大复兴的中国梦。习近平总书记在五四青年节到来之际接见各界优秀青年代表时又语重心长地指出："中国梦是历史的、现实的，也是未来的；是国家的、民族的，也是每个中国人的；是我们的，更是青年一代的。"

实现中国梦是一个在中国共产党领导下全党、全国各族人民共同为之奋斗的伟大事业。实现这个伟大事业也是全党全国各族人民同心协力长期艰苦奋斗的过程，而以什么方式实现中国梦这个发展过程呢？笔者认为，阶梯式发展是实现中国梦的科学发展方式。

阶梯式发展这个理论观点是笔者于 1991 年在中央党校学习期间提出的。后经过 20 年的观察研究，笔者在《阶梯式发展是世界物质运动和人类认识运动的重要形式》一文中进一步阐释了阶梯式发展这个理论观点。

阶梯式发展论的内涵就是指事物发展具有随时间从一个台阶跃进到另一个更高台阶的属性，这种属性广泛存在于自然域、主观域和社会域事物之中。阶梯式发展论不仅反映了物质世界运动和人类认识运动发展的客观规律，而且反映了人们主观认识来源于实践的规律，体现了存在决定意识这一辩证唯物主义的基本原理。

阶梯式发展论认为，阶梯式发展形式与马克思主义经典著作中论及的"螺旋式上升"和"波浪式前进"这两种事物发展形式既有共同之点，也有不同之处。其共同点是三者皆具有"曲折性与前进性的统一"的特点，不同之处在于阶梯式发展总体上没有"波浪式前进"形式中的"波峰"与"波谷"之分，而只是在台阶内部可能出现有小的波动；也没有"螺旋式上升"形式中那种"前进式上升"与"复归式上升"之分。更为重要的一点是"阶梯式发展"较"螺旋式上升"和"波浪式前进"是客观事物发展中更为广泛与常见的一种形式。

本文以中国特色社会主义建设事业呈阶梯式发展的一些实际事例来说明阶梯式发展是实现中国梦的科学发展方式。

一、社会形态的阶梯式发展

历史表明，人类社会的社会形态发展到今天，是从原始社会、农业社会、工业社会到信息社会，一个台阶又一个台阶地向前发展的。

就中国来说，1949年10月1日，中华人民共和国的成立，标志着我国社会形态从半殖民地半封建社会迈上了新民主主义社会的台阶。1956年，在社会主义改造完成之后，又使我国社会形态进入了社会主义社会。社会主义是共产主义的初级阶段，实现共产主义是我们党的最终奋斗目标。但从我国目前的实际出发，党的十三大作出我国社会还处在社会主义的初级阶段这个论断，也体现了阶梯式发展的特征。

二、社会主义经济体制阶梯式发展

新中国成立之后，我国实行的是计划经济体制。高度集中的计划经济体制有利于集中国力"将钱花在刀刃上"，曾经为国民经济迅速发展做出了巨大贡献。随着发展环境的变化，这种体制逐渐成为生产力发展的束缚，经济体制改革成为必然。

改革开放以来，经济体制的改革与发展在认识和实践中经历了4个台阶：第一个台阶，1981年党的十一届六中全会提出"计划经济为主，市场调节为辅"的方针；第二个台阶，1984年党的十二届三中全会提出"在公有制基础上有计划的商品经济"的新概念；第三个台阶，党的十三大提出"计划经济与市场调节相结合"；第四个台阶，党的十四大明确把建立社会主义市场经济体制作为我国经济体制改革的目标，使我们对这一问题的认识又上升到了一个新的台阶。

三、社会主义建设总体布局呈阶梯式发展

在建设领域方面，1983年邓小平同志在会见印度共产党中央代表团的讲话中提出中国社会主义现代化建设要物质文明和精神文明建设一起抓。党的十六大提出政治建设、文化建设、社会建设"三位一体"作为建设小康社会的重要目

标。党的十七大报告提出经济建设、政治建设、文化建设、社会建设"四位一体"的社会主义建设的总体布局。党的十八大报告提出大力推进生态文明建设，将"四位一体"社会主义建设总体布局提升为经济建设、政治建设、文化建设、社会建设、生态文明建设"五位一体"。这是通过阶梯式发展实现科学发展的具体表现。

在空间布局方面，我国经济建设的空间布局也是一个阶梯一个阶梯向前推进的。从沿海带动到西部大开发，从振兴东北老工业基地到中部地区崛起，最终实现促进东、西部地区经济合理布局和协调发展"两个大局"的台阶式发展历程。

四、中国经济呈阶梯式发展

1949 年，新中国成立后，我国经济建设基本上是在没有现代工业和农业落后的基础上进行的。1956 年，社会主义改造完成后，我国经济水平上了一个新台阶，GDP 总量达 1028 亿元。1978 年，通过社会主义建设，我国初步建立起了完整的工业体系，GDP 总量达到了 3264.1 亿元，约为 1956 年 GDP 总量的 3.175 倍。我国的经济水平又上了一个大台阶。这是改革开放后进行中国特色社会主义建设事业的重要平台。

改革开放以后，邓小平同志从经济发展角度提出的"三步走"发展战略，是一个典型的通过阶梯式发展实现科学发展的实例。第一步，1980～1987 年实现全国 GDP 总量翻一番，解决人民的温饱问题；第二步，1987～2000 年全国 GDP 总量又翻一番，人民生活达到小康水平；第三步，2000～2050 年人均 GDP 达到世界中等发达国家水平，人民生活富裕，基本实现现代化。"三步走"目标正在实现着。2012 年全国 GDP 达到了 51.9 万亿元，约为 1978 年 GDP 总量的 159 倍。历史表明，我国经济的发展是一个台阶、一个台阶似的向前发展的。

习近平总书记在参观《复兴之路》大型展览时提出的实现中华民族伟大复兴的中国梦，也是要通过两个百年的大台阶来实现的。

以上事实说明，阶梯式发展是中国特色社会主义建设事业实现科学发展的重要方式，也是实现中国梦的科学发展方式。

（朱训：全国政协原秘书长、原地质矿产部部长、中国自然辩证法研究会地学哲学委员会理事长）

论阶梯式发展

朱 训

摘要： 笔者研究了国内外矿产勘查的客观规律，提出一种新的发展形式——"阶梯式发展"。笔者从地球科学研究出发，结合人类发展历程以及人的成长历程，论述了阶梯式发展普遍存在于我们人类社会活动和客观物质世界运动之中，剖析了社会主义现代化建设、教育事业发展、中国经济体制改革等实践活动所呈现的阶梯式发展特点。本文系统总结了"阶梯式发展"的提出、基本观点、广泛性、科学性、实践性，论述了"阶梯式发展"的哲学内涵，并阐述了"阶梯式发展"的指导意义和实践意义。文章再次强调，阶梯式发展论揭示了阶梯式发展的客观性、普遍性，不但是对马克思主义发展理论的丰富和发展，为人们的实践提供了一种理性的哲学思维，而且对认识客观物质世界的发展规律和从事客观实践活动有着重要的理论意义和现实意义。

关键词： 阶梯式发展；矿产勘查；哲学

一、阶梯式发展论的提出

阶梯式发展是指客观事物随时间由一个台阶跃进到另一个台阶的发展。阶梯式发展在空间上表现为台阶性，在时间上表现为阶段性（图1）。

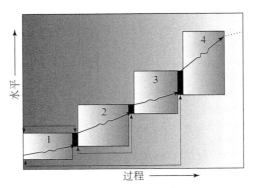

图1 阶梯式发展示意图

阶梯式发展这个理论观点的提出是依据对国内外矿产勘查过程均分几个阶段

循序渐进地推进这一客观规律的提炼与概括。

　　1991年，笔者在中央党校学习期间，运用马克思主义哲学的基本原理总结新中国成立42年来矿产勘查工作的经验教训时，认识到分阶段循序渐进地推进是国内外矿产勘查工作过程的客观规律。当时，前苏联矿产勘查工作过程分为初步普查、详细普查、初步勘探、详细勘探四个阶段。欧美国家对矿产勘查阶段的划分和命名不尽一致，但一般划分为草根勘查、可行性研究、矿场勘查三个阶段。当时，中国矿产勘查工作过程分为普查、详查、勘探这三个相互联系而又具有不同任务要求的阶段。近年来又将为普查提供选区的前期矿产地质调查工作作为"预查"阶段纳入矿产勘查工作过程中。普查阶段的任务是发现值得进行勘查工作的矿产地；详查阶段的任务是对普查阶段发现的矿产地做出是否具有工业开发利用价值的评价，为勘探提供后备基地；勘探阶段的任务是探明经详查提供的勘探后备基地的矿产数量、质量以及开采技术条件等情况，并提供矿山建设所需的各种地质资料。

　　矿产勘查三个阶段的每个阶段内部又划分为野外和室内工作两个小的阶段。野外工作阶段期间通过实地调查，尽可能地多收集第一手地质资料，以求对勘查对象的地质矿产情况在认识程度上进行量的积累。室内工作阶段则对野外实地调查所获得的第一手资料进行科学的处理与分析研究，以获得对勘查对象矿产情况在认识上的升华，以实现质的飞跃，并根据新的认识指导下一阶段的矿产勘查工作。就是这样，"实践、认识，再实践、再认识"随着矿产勘查工作一个阶段一个阶段地量变质变不断地向前推进，矿产勘查的工作程度一个台阶一个台阶似的逐步加深，矿产勘查人员对矿产客观情况的认识水平也随之一个台阶一个台阶似的逐步提高（图2）。

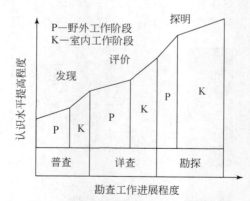

图2　矿产勘查过程阶梯式发展示意图[1]

　　矿产勘查过程这种"台阶式"的发展形式，与列宁同志在发展方式上所讲的"螺旋式上升"（图3）和毛泽东同志所讲的"波浪式前进"（图4）这两种事物发展形式不尽相同，是一种客观存在，但此前未为人认知的新的发展形式。

图3　螺旋上升式示意图　　　　　　　图4　波浪前进式示意图

于是，笔者对这种"台阶式"发展方式命名为"阶梯式发展"，并撰写一篇题为《阶梯式发展是矿产勘查过程中认识运动的主要形式》一文，先后在中央党校内部刊物和1991年第10期《自然辩证法研究》[2]杂志上发表。而后，又作为一节纳入朱训著《找矿哲学概论》[1]专著之中，于1992年公开出版。

自1991年以来，在20多年的过程中，经对自然界、人类社会和日常生活中的种种现象的观察与研究，笔者发现阶梯式发展是在自然界、人类社会和日常生活中广泛存在的一种客观现象。如，自然界由无机世界向有机世界的演化和从猿到人的进化；人类社会从原始社会、奴隶社会、封建社会、资本主义社会再到社会主义和共产主义社会五种社会形态依次更替的社会发展；国家经济建设以"五年计划"或"五年规划"为一个阶段一个阶段地向前推进；人们日常生活中的上下楼梯（图5）和登山健儿以一个营地、一个营地的分阶段地向上攀登；还有阶梯式电价、阶梯式水价、阶梯式燃气价等等。于是，笔者提出一个具有广泛意义的理论观点，即"阶梯式发展是物质世界运动和人类认识运动的重要形式"[3]。

图5　人们日常生活中的上下楼梯示意图

二、阶梯式发展论的基本观点

阶梯式发展论的基本观点主要有：

第一，阶梯式发展论认为，发展是一个过程。过程是由紧密相连而又具有不同质的几个或若干个阶段组成的。犹如矿产勘查是由预查、普查、详查、勘探这四个相互联系而又具有不同任务要求的阶段所组成的那样。每个阶段都包含着"实践、认识，再实践、再认识"循序渐进地深化认识的前进过程。发展则是通过每个阶段内部的量变和质变来实现的。

第二，阶梯式发展论认为，发展不是直线型的前进运动。发展是前进性与曲折性相统一的运动。发展是不平衡的，不平衡是发展的普遍规律。这点与"螺旋式上升"和"波浪式前进"这两种事物发展形式的观点是一致的，但"阶梯式发展"这种形式与"螺旋式上升"和"波浪式前进"这两种事物发展形式的重要区别是阶梯式发展总体上没有"波浪式前进"发展形式中系列出现的"波峰"与"波谷"，而只是在台阶内部可能出现有一些波动；也没有"螺旋式上升"发展形式中那种"前进式上升"与"复归式上升"之分。

第三，阶梯式发展论认为，阶梯式发展在方向上可以是依次向上呈阶梯式发展，犹如人们上楼梯和航天工程那样。阶梯式发展在方向上也可以是依次向下呈阶梯式发展，犹如人们下楼梯以及蛟龙号探海工程和探索地球奥秘的深钻工程那样。两种阶梯式发展都是向前发展。

第四，阶梯式发展论认为，阶梯式发展不仅是客观物质世界运动和人类主观认识运动的重要形式，而且反映了人们的认识来源于实践的客观规律，以及认识对于实践的能动指导作用，从而也体现了存在决定意识和精神对物质反作用的辩证唯物主义的基本原理。

第五，阶梯式发展论认为，既然客观事物的发展过程都是要划分阶段的，正如马克思所说："一切发展，不管其内容如何，都可以看做一系列不同的发展阶段。"[4]那么推进客观事物的发展既要有总体目标，又要有分阶段的具体任务要求。要准确地把握每一个阶段的性质，弄清每一个阶段的任务，在此基础上采取针对性的方法、措施，一步一个台阶地推进客观事物的发展。此外，还要对过程进行科学的阶段划分。对过程阶段的划分既要考虑阶段之间的联系，又要分清各个阶段之间质的区别。每个阶段时间跨度要适度，太长，难以预计的未知因素就多，就不易制定针对性的政策措施；阶段时间跨度太短，就可能做重复工作，耽搁时间，影响客观事物发展。

第六，阶梯式发展论认为，跨越式发展是客观物质世界运动的一种特殊形式。发展的客观规律总体上是要分阶段地循序渐进的，阶段可以通过创造各种主、客观条件来缩短，在一般情况下是不能跨越的，实现有限度的跨越是要有条件的。如爬楼梯的人身材高大、腿长、体力又好，可以一步跨越几个台阶。但想用一步就跨到楼的顶层是不可能的。如果不顾主客观条件就试图省略和跨越阶段的做法，都会违背客观规律，在认识和实践中就会出现盲目性和偏差，甚至会受到客观规律的惩罚。20 世纪 50 年代后期人们不顾现实条件不切实际地想跨越历史阶段，企求早日吃上共产主义大锅饭，最终遭受严重挫折，就是一个沉痛的教训。

三、阶梯式发展的广泛性

阶梯式发展是在自然界、人类社会、人类的实践活动和日常生活中广泛存在的一种客观现象。

（一）自然界的阶梯式发展

1. 生命演化由低级到高级的阶梯式发展

地球诞生于距今 46 亿年前左右，其生物圈则经历了约 35 亿年的漫长演化历史过程。从最早出现的单细胞原始生命——蓝菌，演化到当今种类极其繁多、数量无比庞大的生物五大界（原核生物界、原生生物界、真菌界、植物界和动物界），经历了多次关键的阶梯式演化过程——既包括长期的渐变（演化的缓坡式发展），也包括短期内发生的突变（演化质的飞跃或阶梯式发展）。

从猿到人的阶梯式进化历程前后经历了五个发展阶梯（图 6）：①南方古猿→②能人→③直立人→④早期智人（尼安德特人）→⑤晚期智人（克鲁马农人）。这些发展阶梯反映了人类进化过程中从量变到质变的一些重要飞跃事件，包括直立行走、大脑扩容、创造工具、火的使用、艺术创作等。

2. 地形、地势的阶梯式发展

地形地势呈台阶式样态分布的阶梯式发展，以中国最为典型。中国地势东低西高，按不同海拔高度分为四个大的台阶，呈明显的阶梯状分布（图 7）。从东海盆地、沿海平原向西经内蒙古高原、黄土高原、云贵高原再到世界屋脊青藏高原逐级攀升，中国地形地势可以分为不同海拔高度的三大台阶。

3. 阶梯式成矿模式

地矿领域也存在着大量的阶梯式成矿现象。这种成矿模式除在赣南、粤北钨矿成矿地区的"五层楼"模型和山东胶西北地区金矿呈阶梯式成矿模式外[3]，

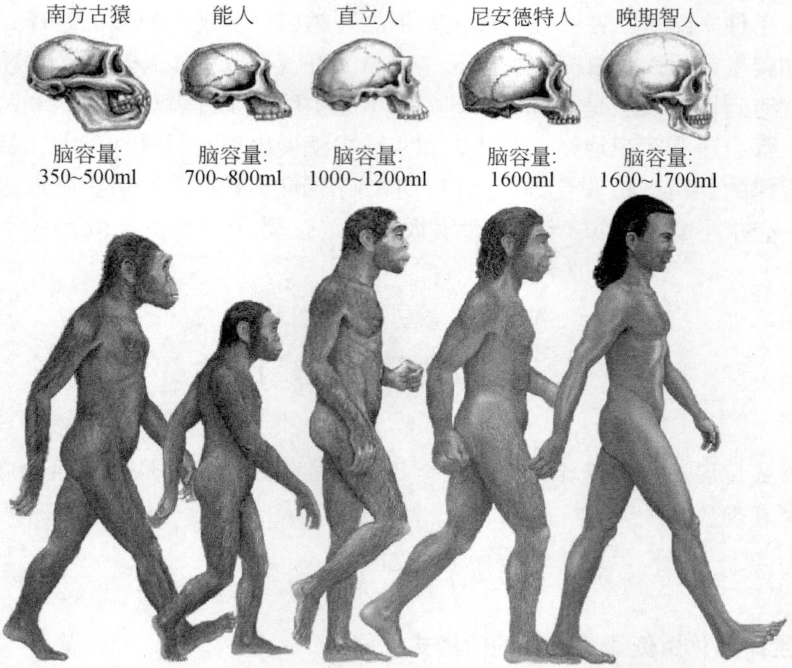

南方古猿	能人	直立人	尼安德特人	晚期智人
脑容量: 350~500ml	脑容量: 700~800ml	脑容量: 1000~1200ml	脑容量: 1600ml	脑容量: 1600~1700ml

图6　从古猿到智人的阶梯式进化历程（本图根据网络资料综合而得）

青藏高原：约4500~5000m

黄土高原：约1000~2000m

华北平原：约50~200m

东海盆地：−1000~−2000m

图7　中国地形、地势图

近年在研究阶梯式发展问题过程中，又陆续发现江西华亭锰矿区、湖北大冶铜绿山矿区、江西永平铜矿区均存在"阶梯式成矿模式"，为阶梯式发展论在自然界、在地质成矿领域又提供了新的例证，其中以江西华亭锰矿区阶梯式成矿模式较为典型。20世纪60年代，江西地质人员发现华亭锰矿成矿控制构造呈台阶状向深部延伸。阶梯状构造中有三个较为平缓的台阶，经对第一、二台阶勘探，均探获厚大的锰矿体，证实为具有1500多万吨资源的大型锰矿。

（二）人类社会阶梯式发展

1. 人类社会形态的阶梯式发展

从宏观层面看人类社会形态的发展，马克思从经济政治发展的角度论证了人类社会从原始社会、奴隶社会、封建社会、资本主义社会、社会主义和共产主义社会五种社会形态依次更替的社会发展规律。这种从一种较为低级社会形态上升为另一种更为高级的社会形态，呈现出阶梯式发展。在这些社会形态中，具体到资本主义社会，从产生到成熟也经历了不同的阶段，即从资本主义生产起点的协作阶段开始（15世纪至16世纪中叶），经工场手工业阶段（16世纪中叶至18世纪末叶），再到机器大工业阶段。这几个阶段依次前进，资本主义社会本身也呈现着阶梯式发展的特点。

2. 人的成长过程的阶梯式发展

人的自然成长过程是从幼儿、童年、少年、青年、壮年到老年的阶梯式发展（图8）。

图8　人的成长阶梯发展过程

3. 人才成长过程呈阶梯式发展

从小学、中学到大学，从教员到副教授、教授，从技术员到工程师、总工程等等（图9）。

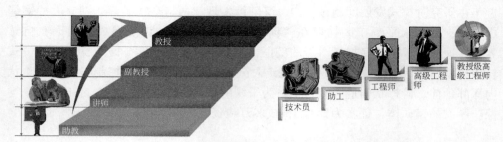

图 9　人才成长的阶梯式发展过程

4. 人类改造自然的阶梯式发展

人类改造自然的阶梯式发展，除矿产勘查工作过程呈阶梯式发展外，农业生产中的梯田建设也是阶梯式发展的典型事例。在我国很多地区，特别是西南、西北一些山区由于受地形地势的影响，开阔平坦可供开发的进行农业生产的土地较少，为了生计，便将一些山坡改造成为台阶式的梯田。这种梯田既有利于水土保持，又扩展了可耕种的土地。从而使农业生产能得以持续进行，使人们得以丰衣足食。山西大寨人对梯田的开发与利用就是一个典型的成功范例。

四、阶梯式发展论的科学性

（一）阶梯式发展论反映了事物发展的客观规律

从前述阶梯式发展的广泛性可以充分说明，阶梯式发展不是个别的偶然现象，而是在自然界、人类社会和人们日常生活中的规律性现象，是一种客观存在的事实。阶梯式发展论真实地反映了这一客观规律。

（二）阶梯式发展论遵循了认识运动规律

马克思主义认识论认为，客观事物是可以认识的，但认识客观事物要有一个由浅入深，由近而远，由简单到复杂的过程。鉴于人们对客观事物发展过程中的很多问题，特别是对远期的一些问题认识上有很多不确定性因素，难以确定具体的、针对性的措施处理这些问题；而对近期阶段的问题看得可能相对清楚，采取的措施从而更具有针对性和有效性。所以，阶梯式发展论认为，将一个时间跨度大的发展过程，适当地分成一些小的阶段，一个阶段一个阶段地向前推进，完成一个一个小的阶段任务，就能够积小成为大成，逐步实现原有发展过程的总体目标。

（三）　阶梯式发展论坚持了马克思主义关于物质与精神辩证关系的基本原理

马克思主义认识论在强调认识来源于实践这个观点的同时，又指出认识对实践的能动的指导作用。阶梯式发展论强调事物要获得发展就必须进行认真的实践，而且要在每一个发展阶段内部要扎扎实实地进行实践，同时强调要对每一阶段的实践结果进行科学的反思与总结，以谋求认识上升华到一个新的高度，并据此新的认识来能动地指导下一阶段实践的发展，从而坚持了"实践第一"这一唯物主义基本观点，又体现了存在与意识、物质与精神的辩证关系。

（四）　阶梯式发展论统筹了当前和长远发展

阶梯式发论既谋求当前阶段的发展，又统筹考虑未来一些阶段的长远发展，把当前的发展与未来的长远发展科学地结合起来。

改革开放以后，邓小平同志从经济发展角度提出的"三步走"发展战略，是把当前的发展与未来的长远发展结合起来的发展战略，是一个典型的通过阶梯式发展实现科学发展的实例。按照"三步走"发展战略，第一步从 1980 年到 1987 年实现了全国 GDP 总量翻一番，解决人民的温饱问题；第二步从 1987 年到 2000 年全国 GDP 总量又翻一番，人民生活达到小康水平；第三步从 2000 年到 2050 年人均 GDP 达到世界中等发达国家水平，人民生活富裕，基本实现现代化。历史与现实均表明，邓小平的"三步走"目标正在实现着。2014 年全国 GDP 总量达到 63.64 万亿元，为 1978 年的 176.7 倍。历史表明，我国经济的发展正是呈阶梯式地一个台阶、一个台阶似的向前发展的。习近平总书记在参观《复兴之路》大型展览时提出的中华民族伟大复兴的中国梦，也是要通过两个百年的两个大台阶来实现的。

五、阶梯式发展论的实践性

阶梯式发展作为一种具有普遍意义的发展方式，长期以来未被人们从理论上加以认知，但在实际生活中，人们常常自觉不自觉地在应用与实践着阶梯式发展理论来推进各项工作。

（一）　以推进社会主义现代化建设为例

以"五年计划"和"五年规划"为例。新中国成立来，历史清晰地表明，在社会主义建设过渡阶段、全面开展社会主义建设阶段、社会主义建设改革开放阶段和社会主义建设大发展四个大的历史阶段进程中，中国经济建设正是通过十三个以"五年计划""五年规划"为标志的小阶段一个一个台阶地向前推进，从而促成经济发展水平和整体经济实力登上三个大台阶。正如胡锦涛同志在党的十八大报告中总结十六大以来社会主义建设成就时所说："十年来，我们取得一系列新的历史性成就，为全面建成小康社会打下了坚实基础。我国经济总量从世界第六位跃升到第二位，社会生产力、经济实力、科技实力迈上一个大台阶，人民生活水平、居民收入水平、社会保障水平迈上一个大台阶，综合国力、国际竞争力、国际影响力迈上一个大台阶，国家面貌发生新的历史性变化"。这一系列的历史性变化清晰地呈现了阶梯式发展的特点。

（二）以教育事业发展为例

阶梯式教育是阶梯式发展在教育领域中的成功运用。在中国、在世界各地对人才的培养教育方式无一例外的采取从幼儿园开始，经过小学、中学到大学这种阶梯式教育方式。在我国职业技术教育中，也是从初级职业技术教育，到中级职业技术教育，再到高级职业技术教育。

（三）阶梯式发展在中国经济体制改革中的成功实践

改革开放以来我们对在中国应建立什么样的经济体制的认识，就经历了从一个阶段到另一个阶段，从一个台阶迈向一个新台阶的认识过程。新中国建立以后，我国实行的计划经济体制，虽然取得了一定的成绩，但高度集中的计划体制把经济管得太死，企业缺乏应有的活力，束缚了生产力的发展。改革开放以后，商品经济开始活跃，市场的作用日益显现，改革取得初步成效。正反两方面的经验使人们认识到，经济体制改革必须突破完全排除市场调节的大一统的计划经济观念。

1981 年党的十一届六中全会《关于建国以来党的若干历史问题的决议》中，提出了"计划经济为主，市场调节为辅"的方针，允许市场调节存在和发挥作用，为形成社会主义市场经济理论开辟了道路，迈上了对我国经济体制改革新认识的第一个台阶。

1984 年 10 月，党的十二届三中全会通过的《中共中央经济体制改革的决定》首次提出"在公有制基础上有计划的商品经济"的新概念，不再把计划经济同商品经济对立起来，这是社会主义经济理论的重大突破。邓小平高度评价了这一理论突破，认为它对什么是社会主义经济做出了新的解释，说出了马克思主义创始人没有说过的新话。《决定》标志着对我国经济体制改革的认识上升到第二个台阶。

党的十三大提出了社会主义有计划商品经济的体制，应该是"计划与市场内在统一的体制"，"计划和市场的作用范围都是覆盖全社会的"，新的运行机制总体上来说应当是"国家调节市场，市场引导企业"的机制。后来，又提出"计划经济与市场调节相结合"。这些提法的演变说明我们随着改革实践的深入，对计划与市场之间关系的认识越来越深入，越来越符合实际和具有合理性，这标志着对我国经济制度改革的认识上升到第三个台阶。

20世纪80年代后期，经济活动中市场调节的比重已超过了计划调节。这一时期，国际形势复杂多变，国内的经济改革成就与矛盾和困难并存。若要把社会主义事业推向前进，理论上需要有新的突破。1992年邓小平南方谈话，从理论上破除了计划经济和市场经济是制度属性的陈旧观念，为建立社会主义市场经济体制奠定了坚实的理论基础。同年召开的党的十四大，明确把建立社会主义市场经济体制作为我国经济体制改革的目标，使我们对这一问题的认识又上升到一个新的台阶。

六、阶梯式发展论的哲学内涵

阶梯式发展论有着丰富的哲学内涵。经对其与哲学的一些基本原理、基本规律之间关系的初步研究可以得到说明。

（一）阶梯式发展论体现了"实践论"的基本原理

实践是认识的源泉，认识客观事物要有一个过程，即实践、认识、再实践、再认识的过程。这是实践论强调的基本原理。

阶梯式发展论依据实践论的基本原理认为，发展是一个过程，过程是由一些相互联系而又具有不同质的阶段组成。发展就是通过一个阶段一个阶段地"实践、认识、再实践、再认识"而迈上一个又一个新的台阶。

阶梯式发展论还强调在发展过程中的每个阶段都要进行认真的实践，并对前一阶段的实践成果进行科学的分析研究，以求认识的升华，并以新的认识指导下一阶段的实践。例如，矿产勘查过程，实际上就是对赋存于地壳之中的矿产的客观地质情况进行反复认识的过程。地质人员只有通过勘查实践，才能获得对矿产客观情况较为全面的认识。鉴于成矿规律的复杂性和矿床赋存状态的隐蔽性，决定了人们对矿床认识过程的曲折性、渐进性、阶梯性，决定了矿产勘查过程必须分阶段循序渐进呈阶梯式发展。所以这样做，就是因为只有通过"实践、认识、再实践、再认识"这样一个反复实践和认识的过程，才能够最终完成矿床勘查任务，为国家建设提供需要的资源。

（二）阶梯式发展论体现了存在与意识的辩证关系

马克思主义哲学认为，存在决定意识和意识对于存在具有的能动作用。阶梯式发展论忠实地体现了存在与意识的辩证关系。

阶梯式发展论首先强调一切事的发展靠实践，同时强调在发展过程中运用前一个阶段实践基础上获得的新认识可以能动地指导下一阶段的实践。以中国经济体制改革为例。纵观自 1978 年党的十一届三中全会以来，中国经济体制改革发展历程所经历了几个时间跨度不等的大的阶段，经济体制之所以能从一个台阶迈上了一个又一个新的台阶，都是总结运用前一阶段的改革实践基础上获得的新认识，成功地指导下一阶段改革实践的结果。如，党的十一届三中全会提出的"计划经济为主，市场调节为辅"的理论观点成功地打破了"一大二公"的计划经济体制。又如，在 1984 年 10 月召开的党的十二届三中全会上提出的"我国社会主义经济体制是在公有制基础上有计划的商品经济"的新概念；1987 年党的十三大提出的"我国社会主义有计划的商品经济体制应该是计划与市场内在统一的体制"，"计划和市场都应该是覆盖全社会的"新的观点；党的十四大明确提出"把建立社会主义市场经济体制作为我国经济体制改革的目标"的观点。这些都是在以往改革实践的基础上形成新的理论成果。正是运用这些不断深化的新理论成功地指导了下一阶段的经济体制改革的实践，从而把我国经济体制改革如同攀登阶梯似地一步一个台阶地逐步向前推进与发展。

（三）阶梯式发展体现了质量互变规律

唯物辩证法有一条重要规律，即质量互变规律。一切事物的发展变化都是由于事物内部新因素量的增长到一定程度时就会引起质的变化。在发生质变之后，又开始新的量的积累，随后又会发生新的质变。阶梯式发展论鲜明地体现了质量互变的过程。

以矿业城市转型过程为例。矿业城市是因勘查开发矿产资源而兴起和发展起来的城市。矿产资源是不可再生的。采出一点就少一点。矿业城市所拥有的可采资源总有一天会枯竭，这是不以人们的意志为转移的客观规律。为了避免"矿竭城衰"，就要调整产业结构，发展非矿产业，推进城市转型，以谋求"矿竭城荣"和可持续发展。

据近年对矿城转型实践的观察，矿业城市转型过程一般要经历既密切相连而又具有不同质的五个阶段，即：单一矿业经济型城市–矿业经济主导型城市–多元经济型城市–综合经济型城市–文明和谐生态型城市。

矿业城市发展的初始阶段为单一矿业经济型城市。矿业城市转型就要发展非矿产业。在转型初期，随着非矿产业量的积累，矿业城市中的矿业产业虽仍占据主导地位，但已不再是唯一的产业。这时矿城性质就开始发生质的变化，已由单一矿业经济型城市转变为矿业经济主导型城市。随着非矿产业在经济结构中再积累和所占比重量的加大，形成非矿产业与矿业产业平分天下的局面。这时，矿业城市就由矿业经济主导型城市转变为多元经济型城市。随着一批非矿支柱产业的形成和非矿产业量的进一步积累，非矿产业已大大超过了矿业产业在产业结构中的比重，这时多元经济型城市就转变为综合经济型城市。就是这种随着矿业产业和非矿产业在产业结构中所占量的比例的此消彼长的变化，矿业城市在性质上也随之发生了一个又一个变化，矿业城市的转型也就一个阶段一个阶段地如同爬台阶似的向前发展，即逐步由单一矿业经济型城市向文明和谐生态型城市转变。

（四）阶梯式发展论体现了否定之否定规律

以对我国应建立什么样的所有制体系的认识为例。改革开放以前，我们对社会主义所有制追求"一大二公"。1978 年改革开放以后到 1982 年党的十二大召开这一阶段里，就所有制结构看，虽个体经济已有出现，但"一大二公"仍占据这主要地位。随着改革开放的发展，我们党认识到这种追求不符合社会主义初级阶段的实际，在党的十二大报告中开始肯定"劳动者的个体经济是公有制经济的必要补充"。十三大将"必要补充"的范围扩大为私营经济、中外合资合作经济、外商独资经济和个体经济。十二大、十三大对个体经济和私营经济的肯定，就是对"一大二公"的否定。随着改革实践的深入发展，对非公有制经济作用的发挥，我们党对社会主义所有制又有了新的认识。党的十五大第一次明确提出，公有制为主体、多种所有制经济共同发展，是我国社会主义初级阶段的基本经济制度，非公有制经济是我国社会主义市场经济的重要组成部分。对我国社会主义所有制的认识，从"一大二公"，到"必要补充"，再到"重要组成部分"，逐级上升，从一个台阶上升到一个新的台阶。在这个阶梯式发展过程中，前一阶段的认识被后一阶段的认识否定和代替。随后"新的认识"又为"更新的认识"否定与代替。正是在这个阶梯式发展过程中，旧的认识不断被新的认识所否定与代替，从而促进了事物的发展。需要说明的一点是，这里所说的"否定"不是那种"完全否定"，而是一种"扬弃"，即保留原有认识中的有益部分，又克服原有认识中过时的东西，既继承又发展，所以阶梯式发展论认为，发展是肯定与否定的辩证统一。

（五）阶梯式发展的动力是事物内部相互对立因素统一与斗争的结果

唯物辩证法认为，客观事物发展的动力是事物本身内部相互对立方面统一与斗争的结果。

阶梯式发展论很好地体现了对立统一规律的基本原理。仍以矿业城市转型发展过程为例。矿业城市转型过程一般都有要经历单一矿业经济型城市、矿业经济主导型城市、多元经济型城市、综合经济型城市、文明和谐生态型城市等五个阶段。矿业城市之所以能由一个阶段前进到另一个阶段，则是每个阶段内部非矿产业与矿业产业这一对矛盾事物斗争的结果。由于非矿产业所占比重逐步上升，矿业产业比重的下降，使矿业城市发生性质上的变化，使矿业城市转型从一个阶段前进到一个新的阶段。在矿业城市转型过程中，矿业产业与非矿业产业统一并存于每个发展阶段之内，表现两者之间的统一性；而非矿业产业逐步替代矿业产业，又体现了两者之间的斗争性。正是两者之间的对立统一斗争的结果形成推动城市转型的动力，促进了非矿业产业逐步替代矿业产业，从而使矿业城市在转型过程中由一个台阶跃进到另一个新的台阶。

七、阶梯式发展的理论意义和实践意义

阶梯发展论的提出，揭示了未为人们认知的、客观存在的一种发展规律。阶梯式发展论既有丰富的理论意义，又有重要的实践意义。

（一）阶梯式发展论的理论意义

1. 揭示了阶梯式发展是客观物质世界运动的一种重要形式，从而丰富了马克思主义关于物质世界运动发展规律的学说

马克思主义认为，客观物质世界受三大规律的支配，即质量互变规律、否定之否定规律、对立统一规律。这三大规律既是一个整体，又各自具有独特的作用。质量互变规律揭示了事物发展变化的两种基本形式；否定之否定规律揭示了事物发展的过程和方向；对立统一规律揭示了事物发展的动力源泉。三大规律在总体上揭示了客观物质世界发展的基本形式和方向。但客观物质世界的发展是复杂多样的，既有线性发展，也有非线性的发展；既有常规式发展，也有跳跃式发展；既有直线式的前进上升的运动，也有螺旋式和波浪式前进上升运动。阶梯式发展论则揭示了客观物质世界运动的又一种重要形式，它与马克思主义经典作家论及的"螺旋式上升"和"波浪式前进"这两种事物发展形式既有共同之点，也有重要的不同之处。这不仅是把马克思主义关于物质世界运动发展规律的学说进一步具体化，而且在某种程度上揭示了客观物质世界发展的新的奥秘，加深了我们对客观物质世界运动的认识和理解。阶梯式发展论的提出，不仅说明客观物质世界发展变化的形式是多样的，同时也印证了这样一个真理，即"马克思主义是发展的学说"。

2. 阐明了阶梯式发展是人类认识运动的一种重要形式，从而丰富和发展了马克思主义认识论

马克思主义认识论主要有这样四个要点，一是客观物质世界是可以认识的，认识要有一个过程，认识客观物质世界靠实践，认识对实践的能动的指导作用。阶梯式发展论在遵循马克思主义认识论基本原理的同时，又在认识运动的发展形式上丰富了马克思主义认识论。阶梯式发展论对人类认识基本规律特别是对认识运动的发展形式进行了更为深入的研究，阐明了阶梯式发展是人类认识运动的一种重要形式。这就为我们观察问题、研究问题提供一个新的视角。我们完全有理由说，阶梯式发展论为我们打开了观看客观世界的又一扇新的"窗户"，借助这扇新的"窗户"，我们可以看到"窗"外更多的美景，将会获得更多的发现。

3. 阶梯式发展论为我们提供了认识世界和改造世界的一个新的工具。

阶梯式发展论从方法论角度为我们提供了认识世界和改造世界的一个新的工具，这个新工具就是科学思维方法。阶梯式发展论揭示了客观物质世界和人类认识运动的重要形式；同时，它揭示了客观物质世界运动和主观认识运动中许多规律性的东西，为我们实际工作提供了指导原则和基本思路。

阶梯式发展论告诉我们，既然发展不是直线前进的，而是前进性与曲折性相统一的过程，那么我们做什么事都要有两手准备，做任何事情都不可能一帆风顺，既经得起胜利，又经得起失败与挫折。

阶梯式发展论告诉我们，既然客观事物发展是一个由密切相连而又具有不同质的阶段组成的过程，那么我们认识任何事情、开展任何工作就应一个阶段一个阶段地循序渐进地推进，而不能急于求成。

阶梯式发展论还告诉我们，既然任何事物的发展是要有一个过程，对任何事物的认识也有一个发展过程，那么就要正确对待自己的认识水平与经验水平，不要把自己放在"天才"的位置上，既要在实际工作中逐步积累自己的经验和知识，同时又要重视发挥集体智慧，善于倾听别人的意见和建议，以收集思广益之效。

（二）阶梯式发展论的实践意义

阶梯式发展论的实践意义主要在于从认识论和方法论角度对我们实际工作中提供了一系列重要指导，提示我们如何认识客观世界，如何改造客观世界，以便我们更好、更有成效的推进各项事业的发展。

1. 要按客观规律办事

马克思主义告诉我们，不仅自然界的发展变化受客观规律的支配，人类社会和人类改造客观世界的实践活动也具有自身发展的规律，两者都具有不以人的意志为转移的客观性。阶梯式发展论不是臆造的产物，而是客观物质世界发展规律的反映，是探索物质世界运动和人类认识运动过程中发现并总结得出的一种理性认识，有着坚实的客观依据。它提示我们，既然客观事物都是按一定规律发展变化的，那么我们做任何事都不能违背客观规律。无论是自然规律还是社会规律，其表现形式都是非常复杂的，发生作用的条件是多样的，所以认识起来绝不是一件易事，不要奢望一下子就能认识客观规律，就能自如地把握客观规律，而是要通过反复实践，反复探索，逐步提高我们对客观规律的认识，才能掌握客观规律指导我们的实践，从而从一个台阶前进到另一个台阶。

2. 要循序渐进

阶梯式发展论告诉我们，客观事物发展是一个由密切相连而又具有不同质的阶段组成的过程。客观事物发展也好，人们的认识也好，都是遵循一个台阶、一个台阶似的逐步上升与发展的过程。那么我们认识任何事情、开展任何工作就应一个阶段一个阶段地推进。只有做好前一阶段的工作，打好基础，才能做好下一阶段的工作，才能在前一阶段的基础上继续前进。阶梯式发展论体现在工作方法上即为"循序渐进"的原则，概括起来就为一句话：必要的工作阶段可以通过工作创新适当地缩短，不可跳越，跨越发展是要有条件的。

3. 要认真实践

阶梯式发展论告诉我们，人的认识来源于实践，人的认识之所以能够由一个台阶一个台阶的上升，是实践、认识、再实践、再认识的结果，是唯物辩证法所揭示的质量互变规律的体现。所以，认识和实践都要有一个量的积累过程，要扎扎实实耐心细致地进行实践，才能促成认识由量变到质变的实现。所以要认识客观世界也好，改造客观世界也好，都需要进行充分的实践。没有一定实践量的积累，就不可能有认识上质的飞跃。没有认识上质的飞跃，就不可能用新的认识有效的指导新的实践行动。因此，我们在了解与把握阶梯式发展论的时候，就要敢于实践，就要积极地进行实践。

4. 要勇于创新

阶梯式发展论告诉我们，尊重客观规律与发挥人的主观能动性并不矛盾。发展是永恒的。客观事物发展不能也不会永远停留在一个台阶水平上，必然要向更高的台阶攀升。而推动和加速事物向更高台阶攀升的最重要的动力因素就是发挥人的主观能动性来创新。胡锦涛同志 2012 年在《全国科技创新大会上的讲话》中指出，"创新是文明进步的不竭动力"。正是人类勇于创新，才使人类文明从原始文明到农业文明、工业文明、再到现代文明和生态文明，一层层的进步。人类文明进步的动力是创新，一个国家、一个民族的发展，以及一个部门、一个单位，甚至是个人的发展，都离不开创新。所以在我们的实际工作中，既要尊重前人的工作成果和好的经验，又不能墨守成规。要善于发现问题，敢于提出问题，善于解决问题，敢于在前人工作的基础上，突破前人的成就，不断地把我们的工作继续推向前进。

5. 要善于总结经验

阶梯式发展论认为，客观事物运动的每一个台阶内部并不是"平滑"的，而是还会有小台阶和一些曲折与波动。这就要求我们在完成每一个阶段的实践之后，都要及时总结经验，发现问题，查找不足，巩固成绩，发现亮点和创新点。每一次总结都会是一个进步，都会使人们的认识上升到一个新的小台阶，都使人们的认识离"飞跃"和上升到更高的台阶更近了一步。前面曾经提及，台阶不能跨越，但是可以缩短。及时总结经验就是缩短台阶之间距离的最好方法之一。

（朱训：全国政协原秘书长、原地质矿产部部长、中国自然辩证法研究会地学哲学委员会）

参 考 文 献

［1］朱训．找矿哲学概论．北京：地质出版社，2008：383.

［2］朱训．从矿产勘查过程看认识运动的"阶梯式发展"．自然辩证法研究，1991（10）：7-12.

［3］朱训．阶梯式发展是物质世界运动和人类认识运动的重要形式．自然辩证法研究，2012（12）：1-8.

［4］中共中央马克思恩格斯列宁斯大林著作编译局．马克思恩格斯选集：第一卷．北京：人民出版社，1995：169.

［5］朱训．要重视阶梯式成矿模式的研究与应用．地球，2014（12）：110-111.

阶梯式发展是事物发展的普遍规律

罗照华　王恒礼　罗穆夏　雷新华

摘要：世界上一切事物都可以划分为 3 个域：自然域、社会域和主观域，其中自然域和社会域可以合称为客观域，但自然域事物不以人们的意志为转移，社会域事物则是主观域事物反馈自然域的结果。因此，社会域事物具有一定的人为属性，但对于认识个体来说，它们也是客观存在，不以个体的意志为转移。这 3 个域的事物都遵循由简单向复杂、由低级向高级发展的规律。这种发展在时间上表现为阶段性，在空间上表现为台阶性，二者合称为阶梯性。因此，阶梯式发展是事物发展的普遍规律，表现为在阶梯内的渐变和阶梯间的突变。事物在阶梯内部的发展可称为过程，而从一个阶梯跃迁到更高一级阶梯可称为事件。事件是系统对于输入能量的瞬时性强烈响应（质变），而过程则是系统对剩余能量的长期耗损（量变）。事件终止旧有过程并触发新生过程，而新生过程则孕育新的事件。可见，一个阶梯包含一个事件和一个过程。但是，事件与过程的划分具有时间尺度依赖性，因而阶梯的划分也具有时间尺度依赖性，即阶梯具有内嵌的自相似结构。理论上，阶梯可无限细分，阶梯的尺度可以缩小或扩大，但不可逾越。当阶梯无限细分时，事物发展轨迹相当于曲率各不相同的曲线的无缝连接，但阶梯依然存在。然而，事物的发展要求一定的能量驱动机制，表现为成本付出。阶梯的尺度过于粗犷或过于细微都需要付出过大的成本。在自然域，阶梯的划分可以通过自组织过程来实现；在主观域，阶梯的划分不仅取决于对自然域事物发展规律的认识水平，也包含有较多的其他人为因素；在社会域，阶梯的划分取决于事物发展的经济效益、群体意志和威权水平。因此，阶梯的合理标度是科学发展的关键。某些条件下，如果环境具备允许事物发展跨越某个或某些阶梯的条件，阶梯可以逾越。这种发展方式称为条件跨越式发展，是阶梯式发展的一种重要表现形式。

关键词：认识论；复杂系统；阶梯式发展；跨越式发展；岩浆成矿系统

人们不断思考事物发展的普遍规律，因为事物发展规律的认识制约了社会的组织形式和行为。在蒙昧时代，人们认为事物呈循环式发展，因而相信阴阳轮回。当前，学者普遍认同波浪式和螺旋式事物发展规律，以说明事物发展的曲折性。除此之外，学者还提出了斜坡式[1]和阶梯式[2~4]认识事物发展的规律。详细考查和比较各种发展规律的表述和实际内容，本文认为循环式忽略了时空变换 [图 1（a）]；波浪式是将三维空间压扁成了一维空间 [图 1（b）]；螺旋式将时间作为了三维空间坐标系中的一个矢量 [图 1（c）]，事物围绕该矢量向前发展；斜坡式则忽略事物发展的细微变化，仅截取了事物发展的平均性质 [图 1（d）]。

因此，上述 4 种认识都是对事物发展规律的表述，但不同程度地简化了事物发展的时空联系。据此，2012 年朱训提出"阶梯式发展是物质世界运动和人类认识运动的重要形式"。本文认为，这种认识考虑了四维空间（时间作为独立"空间"维）中事物的运动轨迹［图 1（d）］，是对哲学研究的一个重要贡献。为了进一步深化与完善阶梯式发展理论，本文分析了基于岩浆成矿系统（自然域事物）、成矿理论系统（主观域事物）和资源勘查系统（社会域事物）的阶梯式发展，并初步探讨了阶梯式发展的能量驱动机制。在此基础上，提出阶梯式发展是事物发展的普遍规律，而条件跨越式发展则是阶梯式发展的一种特殊表现形式。

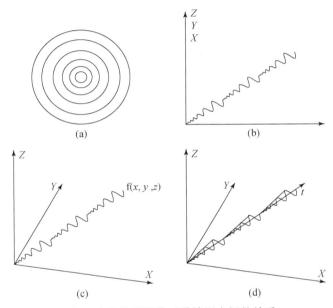

图 1 事物发展规律五种认识之间的关系
（a）循环式；（b）波浪式；（c）螺旋式；（d）阶梯式与斜坡式

一、阶梯式发展的基本特征

人们常将世界划分为客观世界和主观世界两个域。这种划分方法实际上将自然域与社会域的事物混为一谈，因而不利于揭示事物发展的普遍规律和不同事物之间的联系。为此，本文将世界一切事物划分为 3 个域：自然域、社会域和主观域，其中自然域和社会域可以合称为客观域。但是，自然域事物的发展不以人们意志为转移，社会域事物的发展则是主观域事物反馈自然域事物的结果。因此，社会域的事物具有一定的人为属性。但对于认识个体来说，它们也是客观存在的，不以个体的意志为转移。尽管如此，所有事物都具有从简单向复杂、从低级向高级呈阶梯式发展的规律性。所谓阶梯式发展，系指事物发展历程可以划分为不同的阶段，每一个阶段都比上一个阶段在发展水平上跃迁了一个新台阶。换句话说，阶梯性表现为在时间坐标上的阶段性和空间坐标上的台阶性［图1（d）］，阶梯可看作是时空坐标系中的几何体。

1. 事物发展的轨迹

将图1（d）中的空间坐标投影成纵坐标以表示事物的发展水平，用它对时间坐标作图可以较好地展示事物发展的阶梯性。如图2所示，大框表示事物发展的整个历程，小框表示事物发展的阶段性和台阶性，小框内的曲线表示事物真实发展轨迹在这个图形平面的投影。同时，图2还用灰度来表示事物发展状态的客观满意度（大框）和主观满意度（小框）。所谓客观满意度，系指事物现今发展水平与过去发展水平相比的实际提升幅度；而主观满意度则是事物发展水平对环境条件的自身感受。由图2可见，大框的灰度从左下角向右上角逐渐变浅，表示事物从低级向高级、从简单向复杂发展；小框的灰度从左下角向右上角逐渐变暗，表示环境条件越来越难以满足事物发展的要求，矛盾越来越多。如果将大框最深灰度称为黑暗，最浅灰度称为光明，则可以说事物发展的总趋势是从黑暗走向光明，发展水平与满意度呈正相关。在阶梯内部（小框），事物发展的趋势则是从光明走向黑暗，发展水平与满意度呈反相关。

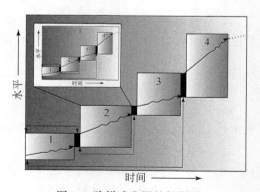

图2　阶梯式发展的投影图

事物发展从黑暗走向光明的总趋势是众所周知的事情，因而人们常说"前途是光明的，道路是曲折的"。但是，为什么阶梯内事物的发展总是从光明走向黑暗呢？这与事物对发展的期待有关。任何事物的涌现或跃迁到一个新台阶，都表明该事物与周边环境条件的充分适应性。这时，事物的发展几乎没有阻力，主观满意度高。因此，初始时期事物发展的轨迹近乎一条直线，发展水平似乎稳步提高，尽管实际上存在一些小的波动。对于自然域的事物，这种小波动的振幅有可能低于现有测试技术的检测限；对于主观域的事物，它们常常被认为是偶然因素的反映；对于社会域的事物，它们不会对现行体制的运行造成显著性伤害。因此，这种小波动常常被忽略，总体上构成斜坡式发展趋势。随着时间的推移和环境的变化，抑制事物发展的因素会越来越多，负能量会越来越大，因而事物的发展越来越困难。可见，事物在阶梯内的发展进程中，小波动会逐渐变成不再能够被忽略的大波动（图2）。如果将可忽略的小波动近似看作一条直线，则阶梯内事物发展轨迹在图2的投影可以看作是由一段直线和一段波浪线组成。波浪曲线的出现，表示事物发展与环境条件的适应性越来越差。因此，尽管事物的实际发展水平不断提高，事物自身的感受却越来越差，事物的实际发展水平与其期望值相距越来越远。换句话说，事物发展感受到环境条件越来越强烈的约束，主观满意度越来越低。本文将这种发展趋势称为从光明走向黑暗。

　　需要注意的是，在一定时间范围内，这种波动可以通过自组织过程得到克服。因此，事物发展水平经过一定时间的停滞或下降之后可以自动走出低谷。但是，随着时间的推移，发展轨迹的波动会越来越大，最终将导致无法通过自组织来修复系统（事物）与环境的关系，从而导致系统的崩溃（无足够新能量输入时）或跃迁（有足够新能量输入时）。因此说，事物的发展不在沉默（停滞）中灭亡（崩溃），就在沉默中爆发（跃迁）。一旦事物发展迈上一个新台阶，就同时完成一个旧台阶，眼前又是光明一片，再次重复前述的发展样式。由此可见，事物发展轨迹以阶梯式为特征。

　　必须指出，无论是从黑暗走向光明，还是从光明从向黑暗，都是事物发展的必然趋势。但是，这两种截然不同的发展趋势出自从不同角度评价事物的发展水平。前者系指事物的绝对发展水平，与环境条件无关；后者系指事物的相对发展水平，与环境条件紧密联系在一起。

2. 阶梯式发展的能量驱动机制

　　阶梯式发展是一种客观存在，不以人的意志而改变。那么，为什么不能平稳、线性向上发展呢？这与事物发展的能量驱动机制有关。事实上，任何事物的发展都需要消耗一定的能量，这种能量可能来自系统内部，也可能来自周边环境。例如，当含矿流体发生强烈相分离时，由于所产生的气体具有可膨胀属性，将导致系统内出现流体超压，从而阻止相分离过程的继续进行。但是，温度降低（导致体积变小）或屏蔽介质破裂（导致赋存空间体积增大）可以释放部分流体超压，这将触发相分离过程的再次发生，并产生新的流体超压。如此反复，含矿流体经历了一个振荡式相分离过程，直到完全转变为热液。这样的过程仅涉及系统与环境间的弱相互作用，主要取决于含矿流体自身的习性（内因），可称为自组织过程。同样，岩浆冷却固结也是一种自组织过程。一旦岩浆经受冷却，就会发生结晶作用。结晶作用可导致岩浆中组分出现浓度梯度，进而触发组分的扩散迁移。但是，结晶作用也会释放结晶潜热，阻止岩浆进一步冷却或减缓岩浆冷却速率，甚至可能导致晶体的吸回。但是，其总趋势却不可改变，上升到地壳浅部的岩浆最终会被冷却、固结。可见，自组织过程提供的能量非常有限，虽然可以导致事物发展的波动，却不能改变事物发展的总趋势。但是，如果有外部能量大规模注入，事物发展的路径就可能发生巨大的改变，这种改变称为阶梯的跃迁。例如，一个位于地壳浅部的冻结岩浆房得到大量高温岩浆补给后，已结出的晶体将大规模被吸回，岩浆总黏度大幅度下降，重新获得上升能力。因此，这样的岩浆可以上升到一个新的水平高度，并在那里再次重复在较深部岩浆房中发生过的过程。换句话说，阶梯的跃迁必须得到外部能量的支撑。不仅如此，外部能量的输入数量和输入速率也是阶梯跃迁的两个重要参数。当事物发展到黑暗的极限时，没有足够的外部能量输入，就不可能跃迁到一个新阶梯。可见，即使事物在阶梯内发展过程中获得了来自环境的能量，也未必会发生阶梯的跃迁。换句话说，阶梯内部事物发展的驱动能量既可以来自系统内部的自组织过程，也可以少量来自环境。但是，阶梯跃迁所需要的驱动能量则必然来自系统之外。

图 3 表示了系统内能量的输入和保有数量（Q），其中 q_1 表示事物停止发展时的能量状态，q_2 表示事物在阶梯内开始发展时的能量状态（内能的本底水平），而 q_3 则表示大规模输入能量后事物的能量状态，t_1、t_2、t_3 分别表示大规模输入能量所需的时间。由图 3 可见，外部能量的输入方式可以划分为 3 种：①高 Q 且高 dQ/dt［图 3（a）］；②低 Q 但高 dQ/dt［图 3（c）］；③高 Q 但低 dQ/dt［图 3（e）］。在①情况下，能量输入速率（dQ/dt）远大于系统与环境间的能量交换速率，t_1 时间内就输入了绝大部分能量［q_3，图 3（a）］。此后，系统内仍接受少量的外部能量输入，但输入数量和速率都明显较小。相应地，系统的保有能量迅速增加。但是，由于输入能量消耗于事物的发展，t_1 以后系统的保有能量迅速降低，在本阶段结束时仅维持在事物发展的本底水平［图 3（b）］。这表明，t_1 以后的能量输入速率不足以维持事物的正常发展，所消耗的能量部分来自以前的能量输入，部分来自系统内自组织过程产生的能量（如前述的结晶潜热）。

在②情况下，$t_2 = t_1$，能量输入速率（dQ/dt）与①相等，也远大于系统与环境间的能量交换速率，但输入数量较少［图 3（c）］。因此，系统的保有能量虽迅速增加，但保有能量水平明显低于前者［图 3（d）］。如果事物发展的时间尺度和能量消耗与①类似，显然，系统的保有能量水平必将低于维持事物发展的本底水平，而达到事物停止发展时的能量状态［图 3（d）］。换句话说，事物的发展将停滞。

在③情况下，$t_3 > t_1$，即使输入与①同样数量的能量，由于输入速率（dQ/dt）较小，将有部分能量消耗于系统与环境间的相互作用［图 3（e）］。因此，当系统停止大规模能量输入时，其保有能量将低于①。不过，在进一步的事物发展过程中（t_3 以后），将需要较小的单位时间耗能量，因而所输入能量仍可维持在事物发展的本底水平（q_2）之上 ［图 3 （f）］。

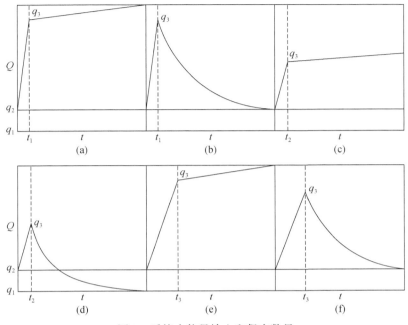

图 3　系统内能量输入和保有数量

　　输入能量对事物发展所做的贡献可以用以做功来表示。对应于图 3，输入能量的做功表现也划分为 3 种情况（图 4）。假定能量输入与做功同时发生（不考虑后滞现象），显然，输入能量的做功主要出现在阶梯演化的初始亚阶段；此后，输入能量做功的数量迅速减少 ［图 4 （a），图 4 （c），图 4 （e）］。因此，事物的发展水平（以功的积累来表示）瞬时达到明显较高位置；此后，事物发展水平提高很慢 ［图 4 （b），图 4 （d），图 4 （f）］。特别是，在②情况下，输入能量虽然也可以瞬时提高事物的发展水平，但不能保障可持续发展。在与①相同的发展时间段内，事物的发展将要消耗一部分内能（T 点以后）。这时，可以理解为输入能量对事物发展做负功 ［一部分在 0 线以下，图 4 （c）］。因此，事物的发展轨迹存在一个拐点 R ［图 4 （d）］。以 R 点为界，左侧事物发展的驱动能量来自外界输入，右侧以消耗事物的内能为特征，发展水平持续降低。最终，所论及的事物将会停止发展（灭亡）。

　　综合图 3 和图 4 可以看出，在一个事物发展阶段内，能量的消耗是不均一的，能量做功的数量也是不均一的，总是存在一个短期内消耗大部分能量的亚阶段和一个长期消耗小部分能量的亚阶段。这是因为事物的发展具有一种惯性，或

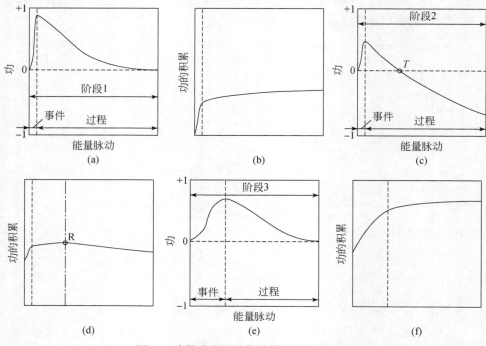

图 4　　阶梯式发展的能量做功与功的积累

者说阶梯的跃迁需要克服一种能障。一旦这种能障得以克服，事物进一步向上发展就会变得容易。在前一种情况下，事物的发展水平得到跃迁；在后一种情况下，事物的发展水平可能持续升高，也可能出现拐点。本文将前一种发展方式称为事件，后一种发展方式称为过程。据此，事物发展的每一个阶段都是由一个事件和一个过程组成（图 5），事件是事物发展对输入能量的瞬时性强烈响应，而过程则是事物发展对剩余能量（包括自组织过程产生的能量）的长期耗损。

　　值得注意的是，时间的长短具有相对性，事物发展水平的高低也具有相对性。换句话说，阶段和台阶的划分具有时间尺度依赖性，因而阶梯的划分也具有时间尺度依赖性。据此，一个大的阶梯可以划分为若干个次级的小阶梯。因此，阶梯具有无限可细分的特点，即发展阶梯具有内嵌的自相似结构（图 2），或者说阶梯具有不同的级次。不同级次的阶梯受不同的能量系统支撑。当阶梯被无限细（微）分时，事物的发展轨迹在如图 5（a）所示的平面上看起来类似于一条不规则曲线，后者由一系列曲率较大和曲率较小的曲线相间组成。但是，拐点依然存在，因而阶梯也依然存在。如果将这些曲线近似地看作直线，则事物发展轨迹由一系列斜率较大和斜率较小的直线组成［图 5（b）］，类似于朱训提出的斜坡式发展规律[1]。可见，斜坡式发展是对阶梯式发展的平均性质表达。

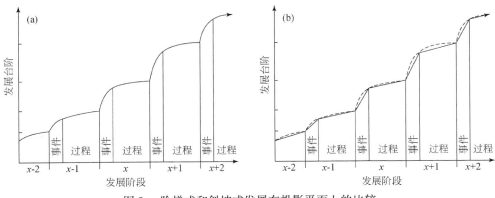

图 5   阶梯式和斜坡式发展在投影平面上的比较

3. 阶梯的标度

如上所述，事件是事物发展对输入能量的瞬时性强烈响应，而过程则是事物发展对剩余能量（包括自组织过程产生的能量）的长期耗损。因此，随着时间的推移，驱动事物发展的能量就会越来越不足。如果能量不能及时得到补充，事物发展就会以消耗系统的内能为代价［图 3（d）］。一旦系统的多余内能耗尽，事物的发展即宣告结束。例如，侵位于地壳浅部的岩浆体，由于围岩的温度比岩浆低得多，岩浆体必然持续冷却直到固结。至此，本次岩浆活动宣告结束。但是，如果岩浆体可以得到持续的深部热能补给，将可以长期演化。当输入热能远大于维持岩浆体存在所需要的热能时，岩浆体甚至可以重新活化，乃至发生火山爆发。因此，阶梯的时间尺度可长可短，不存在一定之规。此外，阶梯跃迁的水平有高有低，取决于外部能量输入的数量和速率，也没有一定之规。这也是一种自然规律，不以人的意志为转移。据此，自然域事物的发展阶梯没有固定不变的时间尺度和空间尺度，只能具体情况具体分析。例如，岩浆系统的演化时间可能很短，也可能很长。结果，许多岩浆过程可以被突然中止，甚至根本就不会发生，岩浆固结产物保留有大量热力学不平衡的纪录；或者所有岩浆过程都可以完成，岩浆固结产物中没有热力学不平衡的纪录。这种情况可以用岩浆系统的成熟度来表达，越成熟的岩浆系统保留的不平衡记录越少。

与自然域的事物一样，主观域事物发展的阶梯也具有不同的时空尺度。在主观域，人类认识自然事物发展规律的时间和水平不仅与认识能力有关，而且与认识角度有关。因此，主观认识的自然事物发展规律往往与真实的发展规律存在一定差距。将这种认识用于改造自然时，必然得不到应有的效果。这样，人们就会对发展现状表示不满，改变现状的欲望越来越强烈，从而推动对自然事物发展规律的再认识，使认识水平迈上一个新台阶（跃迁）。问题在于，事物发展的跃迁不仅仅是建设性的，也伴随着破坏性。换句话说，事物的发展需要付出一定的社会成本。只有跃迁的效益大于成本付出时，这样的跃迁才是值得的。理论上，跃迁的台阶高度越大，所需要的社会成本也越大。例如，在学术界，如果彻底抛弃某种理论体系，大多数学者将无所适从，必须耗费很长的时间来建立和学习新的理论体系。这将付出巨额的社会成本，因为在这段时间内大多数学者将不能为社会发展做出贡献，却要消耗社会资源。但是，如果不抛弃旧有理论，学者又不得不长期忍受不合理的假设前提，同样要浪费社会资源。为此，理论上可以任意缩小阶梯的时间尺度和空间尺度，不断提高主观域和社会域事物的发展水平，使阶梯跃迁的成本降至最低。然而，这并不意味着阶梯尺度越小越好，太小的阶梯尺度同样要付出巨额的社会成本。例如，财务监管部门随时都可以发现科研经费支出的某些不合理现象。为了有效利用科研经费，监管部门可以每年、每月，甚至每天出台一个新的报账规章（相当于阶梯的无限细分）。这样，表面上科研经费的使用更加合理了，但众多的科研人员却要花较多的时间来学习这些规章，减少了科学研究工作的时间，造成了更大的社会成本浪费。可见，只有合理标度阶梯的尺度才能获取更大的效益。正因为如此，合理标度阶梯的尺度是科学发展的关键。

合理标度阶梯尺度的基础是遵守自然域事物的阶梯式发展规律。例如，在野外地质调查过程中，研究人员一般会每天写日记，因为人的生活节律是以天为单位的，与地球的自转周期相适应；每一阶段写小结，因为下一阶段的工作将有所变更，甚至截然不同（如在不同的矿区工作）；整个野外工作阶段结束后写总结，同时制订室内研究计划（为一个新阶段的开始作好准备）。如前所述，事物发展轨迹的某些波动可以通过系统的自组织过程来修复。对于野外地质调查来说，就是野外地质观察结果与预设的地质模型不一致，因而需要适时地修改已建立的模型，以包容新发现的地质事实。但是，当事物发展到一定程度时，必须有外部能量的输入才能重启事物发展的进程。换句话说，无论野外地质工作进行得多么仔细，科学问题的最终解决仍需要有一定的定量化证据支持，因而需要进行样品测试，甚至补充科学知识储备的不足。一旦得到定量化证据和科学知识补充，我们的认识可能迈上一个新台阶，并再次提出进行野外地质调查的要求。

因此，自然域事物发展的阶梯标度是客观存在的，不以人的意志为转移。主观域和社会域事物的阶梯标度则具有人为属性，既要遵循自然规律，也要考虑输入能量的经济效益。综合考虑阶梯式发展的能量驱动机制，本文建议将外部能量的大规模输入作为新阶梯的开始和旧阶梯的结束。

二、自然域的阶梯式发展

自然域的事物各式各样，形成五彩缤纷的世界。这些事物看起来错综复杂，实际上却按照一定的自然准则紧密联系在一起。这种联系从构成上就决定了自然域事物是一种复杂性动力系统，即由多重子系统组成，且任一子系统的性质的改变必然触发相邻子系统的性质的改变，进而改变系统的整体行为。

1. 自然域事物的基本属性

岩浆成矿系统是一种典型的自然域事物。该系统可以看作是由岩浆系统和成矿系统组成的复合系统，更合理的表述则是至少由熔体、固体和流体3个子系统组成的复杂性动力系统。同时，岩浆成矿系统本身也是地球系统的一个子系统。换句话说，每一种系统都是某种更高一级系统的子系统，每一种子系统都可以进一步划分出若干更次一级的子系统。例如，岩浆成矿系统中的固体子系统可以进一步划分为岩石碎块子系统和晶体子系统，晶体子系统也可按晶体来源划分为固体晶体群、熔体晶体群和流体晶体群（子系统）。依此类推，任何一个自然系统都是由多重子系统构成的。

在这样一种自然系统中，事物的发展以不可逆为特征。如前所述，任何事物的发展都要求一定的能量驱动机制。例如，一个不可逆化学反应，或者释放热能，或者吸收热能。在前一种情况下，发生反应的前提条件之一是相邻子系统或环境可以吸收反应所释放的热能。如果反应生成的热能不被吸收或部分被吸收，反应就会中止；如果反映热能足以触发另一个反应发生，系统中就会产生新的子系统。在后一种情况下，相邻子系统或环境必须能够提供发生反应所需要的热能。如果所提供的热能不足以驱动反应持续进行，反应就会停止；否则，反应就会持续进行。但是，无论如何都不能使反应逆向进行，因为反应已消耗部分能量，剩余能量只能驱动另一个不同性质的过程（要求较少的驱动能量），而不足以驱动同一反应逆向进行。概括地说，任一子系统的任一变化都会向相邻子系统或环境提供正的或负的能量，并驱动相邻子系统和环境发生改变。因此说，自然系统是一种动力系统（dynamic system）。此外，自然系统也是一种复杂性系统（complex system）。所谓复杂性（complexity），就是非线性，或者说事物发展的轨迹常发生戏剧性变化，选择与此前完全不同的发展路径、斜率或速率。概言之，即未来不包含在过去。因此，这里的"复杂"不是相对于"简单"，而是相对于"理想"（未来包含在过去）。

将自然系统（事物）的这两种属性结合在一起，可以说任意一种自然系统（事物）都是一种复杂性动力系统。复杂系统由大量、不同且相互作用的子系统组成，其中绝大多数子系统都是平庸的，只有少数子系统能够获得足够的外部能量发展起来并主导整个系统的行为。需要注意的是，这里所说的足够能量并非指能量的绝对数量大小。有时，某一子系统的微小变化可能导致整个系统发生突发性巨大改变（跃迁）。例如，在800℃条件下，往干花岗质熔体中加入2wt%的H_2O，将导致其黏度下降6个数量级[5]，进而大大提高岩浆上升的速度。这样的戏剧性变化通常称为"蝴蝶效应"。可见，能量输入绝对值的大小有时并不具有决定性的意义，更重要的是事物对输入能量的响应能力。换句话说，内因是决定变化的根本，外因只是变化的条件。但是，对于同一种事物来说，输入的能量越多，引起的变化就越大。同时也可以看出，由于一种事物的发生和发展往往需要其他事物的能量供给，影响事物发展的各种因素必然具有不同的层次，而不仅仅是对系统变化的贡献大小。

因此，对自然事物进行认识的首要任务是划分事物的层次，并在这个基础上阐明不同事物之间的关系，进而揭示事物发展的能量驱动机制。只有这样，我们才能真正认识自然域事物发展的规律和轨迹。从这个角度来说，岩浆成矿系统就不应当看作是一种基本自然系统，而应当定义为由岩浆子系统和成矿子系统构成的复杂性动力系统。值得注意的是，这两个子系统的更次一级子系统都包含熔体、固体和流体。但是，对于岩浆系统来说，熔体是核心子系统，流体子系统是系统行为发生戏剧性改变（跃迁）的触发机制，而固体子系统则是系统演化（发展）的记录器。对于成矿系统来说，流体是核心子系统，固体子系统仍是系统演化的记录器，而熔体则是防止含矿流体散失的"护花使者"。可见，岩浆子系统与成矿子系统的区别仅仅在于流体与熔体的比值，但这种比值的不同却导致了它们的行为强烈反差。据此，可以将岩浆系统和成矿系统理解为两个端元，它们按不同的流体与熔体的比值构成具有不同成矿潜力（与含矿流体总量和流体/熔体比值呈正比）的岩浆成矿系统。

2. 自然域事物发展的时空结构

由于子系统之间及系统与环境之间的相互作用，岩浆成矿系统具有极为复杂的演化（发展）历程（图6）。正如矿床学家所认识到的那样，第一，内生金属矿床成矿作用的基本解是成矿金属从流体中析出；第二，流体中成矿金属的溶解度随压力升高而增加，深部流体具有更大的成矿潜力；第三，蒸汽溶解成矿金属的能力远低于热液，含矿流体的相分离可提高成矿作用的效力；第四，流体的相分离发生在低压条件下，内生金属成矿作用必然主要发生在地壳浅部；第五，地壳浅部构造裂隙发育，容易造成含矿流体散失，必须由岩浆适时地堵塞多余的流体通道，因而成矿作用必然与岩浆活动有关。根据这种分析，逻辑上可以认为岩浆成矿系统必然形成于深部，然后快速上升到地壳浅部，并在那里大规模堆积成矿金属于有限的空间范围内。因此，可以构建岩浆成矿系统的多重分支结构如图6所示。

假定在岩石圈-软流圈系统的某个深度位置上聚集了相当数量的含矿流体（流体过饱和系统），初始条件下系统处于平衡态（图6，o点）。如果系统发生热扰动，就会沿路径A离开平衡态，系统的不稳定性逐渐增加。由于热能的注入引起系统膨胀，系统因获得浮力而上升。因此，路经A具有正的斜率，表示随着

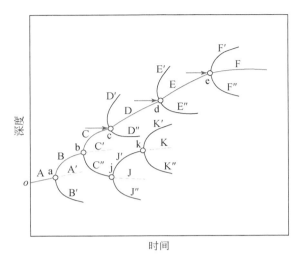

图 6 岩浆成矿系统的时空结构

时间的推移系统的埋深逐渐变浅，但整个路径上系统内只存在固相和流体相。达到 a 点时，系统上升路径与原岩的饱和 H_2O 固相线相遇，导致部分熔融产生熔体。由于熔体具有比固体更小的密度，因而也具有更大的浮力。这时，系统中发生了部分熔融的部分将趋于以更快的速率上升，而未发生部分熔融的部分（难熔组分）将趋于相对下沉。换句话说，系统在 a 点发生崩溃，导致了岩浆成矿系统的产生和上升（路径 B），难熔残余则同时下沉（路径 B'）。极端情况下，可以假设所产生的岩浆成矿系统将沿路径 B 极快速上升。但是，自然系统的通道条件往往达不到允许岩浆成矿系统绝热上升的程度。由于岩石圈–软流圈系统浅部的温度低于深部，与通道周边岩石的热交换将导致岩浆成矿系统的温度下降。这样，温度和压力的同时下降将大大降低熔体中流体的溶解度，系统在 b 点将再次发生崩溃。结果，熔体子系统趋向于冷却和固结（路径 C'），而流体子系统趋向于以更快的速率上升（路径 C）。同样，由于流体中成矿金属的溶解度也随着压力（或深度）的减小而下降，这时也会导致成矿金属的大规模堆积（成矿作用）。

如图 6 所示，岩浆成矿系统的演化（发展）可能遭遇不同的外力约束，每一次外力约束都可能导致成矿金属的大规模堆积。例如，H_2O 的含量强烈影响岩浆的黏度，因而也强烈影响岩浆的活动能力，加入少量的 H_2O 就可以导致岩浆上升速度的急剧增加，成矿金属将不能有效堆积；而略为降低岩浆的 H_2O 含量即可导致岩浆上升速度急剧减小，进而导致成矿金属的大规模堆积。又如，流体的相分离可产生巨大的岩浆内压力，在低于临界点压力条件下岩浆成矿系统的行为必将发生戏剧性变化（排气作用），导致残余流体（热液）中成矿金属因过饱和而析出。再如，由于流体中成矿金属的溶解度强烈依赖于压力，快速侵位于地壳浅部的岩浆必将大规模析出成矿金属。据此，可以说岩浆成矿系统的演化（发展）一旦启动，就必然发生成矿作用（mineralization）。但是，何时成矿（ore-formation）、何处成矿、成什么矿、成多大的矿，则是随机的，取决于岩浆成矿系统的属性和外界条件的约束。因此说，成矿作用是一种确定性随机过程，成矿系统具有长程稳定、局部不可预测的时空结构。

　　由此可见，自然域事物的阶梯式发展是一种客观存在。由于事物在发展过程中消耗一定的能量（如岩浆成矿系统与环境系统的热交换），除非获得额外的能量支撑或卸载部分荷载，事物（本例为岩浆成矿系统）的发展将中止。一旦获得额外的能量支撑或卸载足够数量的荷载，事物的发展将达到一个新的高度（跃迁）。这就是为什么说"不在沉默中灭亡，就在沉默中爆发"。由图6还可以看出，影响因素确定之后，事物将具有确定性的发展路径。但是，由于存在多种不同的影响因素，在影响因素确定之前，事物的发展路径也是不确定的。换句话说，如果将图6中的结点看作事件、分支看作过程，可以发现，低阶过程（如D'）不能越过事件（如c）直接与高阶过程（如C）相联系。正因为如此，本文提出事物发展的每一个阶段包括一个事件和一个过程，事件终止旧有过程且触发新生过程，而过程则孕育了新的事件。

三、主观域的阶梯式发展

　　上述岩浆成矿系统的阶梯式发展规律是根据透岩浆流体成矿理论[6]得出的，自然系统未必如此。由于研究对象的时空不可及性，任何理论都只能够解释一定数量现象的假说。随着新的观察事实的出现，已有理论必将遭遇不可克服的难题，从而被新的理论取代。从这个角度来说，理论是经过长期反驳而没有被驳倒的假说，假说则是尚未经过充分反驳的理论。这样，人们在认识自然的过程中总是首先提出某种或某些假说，并在实践中不断进行检验。经过一定时期的竞争，多数人接受该假说以后，就将其称为理论，尽管该理论并不完善。随着观察事实的增加，该理论会不断得到完善和质疑。但是，只有在确定性证据（充要条件）被发现以后，该理论才有可能被新的理论取代。

　　因此，主观域的事物也呈阶梯式发展。为什么不构建一个永恒的理论呢？这与研究对象的自然局限性和研究过程中的主观局限性有关。

1. 自然局限性

　　尽管自然域的事物属于客观存在，人类个体及人类集体存活时间和活动空间的有限性决定了不可能对所有的研究对象进行观测，这种性质称为研究对象的时空不可及性。此外，自然产物的保存程度也制约了人类的研究范畴。如前所述，事件是对输入能量的瞬时性强烈响应，而过程则是对剩余能量的长期耗损。因此，事件往往可以保留较多的记录（因为事件消耗了较多能量），而过程的记录则容易被后续事件或过程擦除。例如，峨眉山地幔柱活动形成了大火成岩省，后者很难被剥蚀殆尽。换句话说，学者总是能够找到地幔柱活动的记录。然而，马兰峪背斜产出大量前寒武纪的岩石，学者却很难判断该区古生代和中生代是否曾经有过沉积记录。这就是科学研究的自然局限性。

正因为如此，学者往往依据某些残存的地质记录对过去发生的地质过程进行再造。例如，矿床学家发现，观察过的所有内生金属矿床都具有强烈的围岩蚀变，而围岩蚀变总是表现为含水（或流体，下同）矿物置换无水矿物，因而得出结论：内生金属成矿作用与流体有关，尽管它们没有观察到成矿金属从流体中析出的过程。再如，所有内生金属矿区都发现有火成岩，因而得出结论：成矿作用与岩浆活动有关。然而，学者也没有直接观察到岩浆活动与成矿作用相关的细节。因此，所提出的成矿理论都包含有一些假定。这些假定在现有科学基础上是合理的，尽管不能证明它们是真实存在的。

因此，自然局限性制约了证据链的完整性，因而任何理论都包含着一定数量的瑕疵。为了使自己的认识符合自然域事物的发展规律，学者会利用具有较广谱适用范围的基础理论来构建理论模型。然而，这些基础理论同样包含着一定数量的初始性瑕疵，所构建的理论模型必然与客观实际存在差距。即便如此，这些理论模型却能够在某种程度上服务于指导生产实践，因而人们相信它们是正确的。可见，只有在新的观察事实出现之后，或者基础理论证明某些推论不合理之后，流行理论才有可能受到质疑。

2. 主观局限性

事实上，即使研究对象是时空可及的，也不一定能够引起学者的关注。或者说，主观域事物的发展与人的主观能动性有关。正如杜乐天所述："探照灯照到哪里哪里亮，没照的地方就黑。黑，不等于没有东西，只要摆摆头，就是一大片新天地[6]！"换句话说，人们经常会对某些现象视而不见。例如，矿区常见宽谱系岩墙群产出，但绝大多数岩墙都不含矿。因此，宽谱系岩墙群一直没有得到应有的重视，甚至在大比例尺矿床地质图上也不表达它们的存在。但是，近年来，罗照华等（2006，2012）提出宽谱系岩墙群是一种新的岩石组合、造山旋回/阶段结束的标志、成矿预测的指示器，并成功将其应用于太行山、南阿拉套山和西准噶尔莫阿特地区的成矿预测[7,8]。这种岩墙群并非原先不存在，而是没有被认识，因为传统岩石成因理论不能解释宽谱系岩墙群的成因，因而成矿理论也不能将其与成矿作用联系在一起。可见，观察者的主观意志常常制约着自然域事物的认知与否。换句话说，客观存在并非必然被认识。

相反，有些现象则被不合理地联系在一起，如全球气候变暖与工业排放之间的关系。学者通过大量观察发现当前存在全球气候变暖的趋势，并提出了气候变暖与温室气体有关的模型。进一步，他们也发现工业排放逐年增加，因而得出人类是全球气候变暖的罪魁祸首的结论。实际上，气象学家既没有证明温室气体是导致全球气候变暖的主要原因，更没有证明工业排放是温室气体增加的主要原因。例如，与气象学家不同，固体地球科学家更喜欢将温室气体的增加归咎于地球的排气作用，甚至提出了流体地球观[9,10]。可见，全球气候变暖的原因可能多种多样。即使我们认定全球气候变暖是温室气体增加的结果，导致温室气体增加的原因也是多种多样的，至少目前尚未证明工业排放是主要原因。在这种情况下，不合理的联系可导致科学研究走入歧途，降低对自然域事物的认识水平。

对内生金属成矿作用的认识过程也是这样。如前所述，矿床学家认识到成矿作用与流体和火成岩有关，但岩浆通常被认为只含有少量流体，因而得出结论：含矿流体是岩浆分异作用的产物。许多证据似乎都表明了这种认识的正确性，因为岩浆确实经常发生分异作用，岩浆也确实可以通过分异作用产生含矿流体。然而，即使有再多的证据，理论不能被证实；却可以证伪，即使只有一条证据。如果上述认识是可信的，与成矿作用关系最密切的火成岩应当是单矿物岩，因为分离结晶作用的结果是趋于形成单矿物岩；如果上述认识是可信的，矿床的规模应当与火成岩体的几何尺度呈正相关，因为大的岩浆体可以经分异作用产生更多的含矿流体；如果上述认识是可信的，火成岩应当具有严格的成矿专属性，即不同成分的岩浆产生不同类型的金属矿床。然而，所有这些推论都得到实际观测的否定，与成矿作用关系最密切的火成岩是分异程度最低的火成岩，大型–超大型矿床往往与小岩体有关，金属矿床类型经常与致矿火成岩体的成分无关。这也是不合理联系的结果，因为没有详细考察岩浆分异作用过程中含矿流体的产量。导致这种不合理联系的原因是科学家的知识结构不够全面，如气象学家不清楚地球排气作用的能力，矿床学家不了解岩浆固结过程中产生含矿流体的机制和能力。

由此可见，主观局限性也经常抑制对自然域事物发展规律的认识。直到"铁"的事实被认识之前，主观域事物的发展轨迹一直会向着不正确的方向延伸。因此，主观认识总是与客观实际存在一定的差距。当这种差距达到阻碍科学发展或使科学研究不能有效指导生产实践的程度时，就必须大幅度提高我们的认识水平（跃迁）。

需要注意的是，这里所谈的主观局限性主要还是积极的主观能动性，即学者希望自己的认识越来越符合自然发展规律。学术界也经常存在消极的主观能动性，甚至反动的主观能动性。消极的主观能动性在于大多数学者没有科学创新的意识，总是希望借鉴他人的研究成果来解决自己面临的实际问题。在这种情况下，常常导致风马牛不相及的尴尬对比，即将两个不同的事物看作相同。反动主观能动性的典型实例是学术权威为保持自己的话语权而对不同观点进行压制。无论是哪一种原因，都决定了主观认识往往脱离客观实际，主观域事物的发展水平低于自然域事物的发展水平。

3. 科学研究的黎明前黑暗

为什么学者不及时纠正自己的不正确认识呢？这不仅与研究对象的时空不可及性有关，而且与科学创新的动力有关，还与科技发展水平和科学创新的成本有关。

如前所述，事物发展的总趋势是从简单到复杂、从低级到高级、有黑暗到光明。在较高级阶段，科学研究不再是简单地观察、归纳、总结、提高，还要依赖于前人的知识积累；科学研究成果也不再能简单地应用于实践，而要经过一系列复杂的变幻。这样，科学研究进展表现在两个方面：对已建立的知识系统进行补充，不断完善已有的知识系统；放弃已有的知识架构，重新构建一个更加符合客观实际的、更加强有力的知识系统。理论上说，人们更希望通过不断完善已有的知识系统来推进科学的发展。但是，由于研究对象的时空不可及性，任何知识系统都包含有某些假设前提缺陷，后者可称为结构性缺陷。可见，所有研究进展都建立在包含有这种结构性缺陷的理论的基础之上。因此，科学认识总是偏离客观实际。在"铁"的事实被认识之前，学术界不可能放弃已经建立的知识系统。即使在"铁"的事实被认识之后，学术界也未必会放弃已经建立的知识系统，因为这种放弃将付出极大的成本。特别是，旧的科学知识系统包含有大量合理的成分（它们并非旧有理论的有机组成部分），并以此为基础构建了一整套应用知识系统。例如，前面谈到的岩浆热液成矿理论，尽管含矿流体未必是岩浆分异作用的产物，但将岩浆活动与成矿作用紧密联系在一起则是合理的。因为尽管旧的知识系统存在问题，但它的某些部分却是有用的，可服务于指导生产实践。在新的知识系统建立之前，这种放弃显然不是明智的。如果旧知识系统的大部分或关键部分被认为是有用的，多数学者就不会考虑放弃这种知识系统，只有极少数学者会主动思考旧有理论系统中存在的问题。但是，这些学者提出的认识在相应的科学工作方法提出之前很难得到广泛传播。因此，创新科学家不能抱怨社会的冷漠，而要提供新理论的知识系统及实践该理论的有效途径。

科学创新的动力（如社会需求、科学家的创新欲望）也是制约主观域事物发展的主要原因之一。例如，世界列强获取矿产资源的方法很简单，那就是由跨国公司购买。综合国力的强大决定了商业游戏规则是由他们制定，他们可随意购买世界各地的矿产品，矿产品的价格也是由世界列强说了算。因此，当前发达国家的矿床学家没有创新成矿理论的动力和紧迫感。中国的学术机构出高资聘请这些学者来讲学，传播的却基本上是过期的知识，或者任意一本教科书中都能找到的成矿模型。中国政府曾经也想走这种获取矿产资源的道路，并导致了 20 世纪

90 年代地矿工作的低潮。但是，你买什么，什么就涨价；你有什么，什么就降价。在非和平时期，甚至运输路线也得不到安全保障。因此，中国政府不得不提出"立足国内，兼顾周边"的战略决策。为此，必须解决"攻深找盲"的问题，因为中国的地表找矿阶段已接近尾声。从这个角度来说，中国矿床学家恰恰赶上了科学创新的良好机遇。

然而，由于对国外学者的盲目崇拜，科学创新在中国科学界举步维艰。当你提出科研项目申请时，评审员必然会质疑你所研究的问题是否有国际先例，潜台词是中国学者只能研究国外学者已经成功研究了的科学问题；当民众质疑地震为什么不能被预报的时候，有的人竟然在大庭广众之下理直气壮地说"连美国人也不能预报"。可见，盲目崇拜这种思想严重制约了中国学者的科学创新，因而长期跟着国外学者亦步亦趋。特别是，由于管理部门的强力干预，导致了学术界的被动共识：用中国的资料和国外学者的观点发表文章，而不是解决科学问题。因此，科学研究工作违背了科学研究的两个初衷：推动学科发展和指导生产实践。罗照华等[12]将这种情况称为科学研究的黎明前黑暗，其标志是：①科学家迷失了方向，不能提出科学问题；②政府部门强力干预科学研究，如建立评价体系、奖惩制度；③科学界取得被动共识，科学研究的目标仅仅是发表文章；④学术权威普遍受到挑战，因为非学术权威也可以照搬外国学者的观点；⑤科学研究的社会地位一落千丈，很少有人会以从事科学研究为荣。其中，最关键的是科学家迷失了方向，不清楚如何走出黑暗。

主观局限性还应当包括相邻事物的发展水平和认识事物的经济效益。例如，尽管学者已经认识到锆石颗粒的不同环带可能具有不同的形成年龄，由于测试技术的分辨率不允许精细的年龄测定，实际上不能获得连续的年龄谱。又如，假定一个矿床的开采成本和利润各为 500 亿元，阐明矿床成因可节省开采成本 100 亿元，但需要支付研究经费 50 亿元，这样的研究是有利可图的。但是，如果阐明 80% 的矿床成因问题只需要支付 1 亿元的研究经费，节省开采成本 80 亿元，则企业不可能投入 50 亿进行科学研究。

黎明前黑暗是科学发展历史长河中的必然阶段[11]，表明当前流行的理论与客观实际严重不符。这种严重不符不再能够通过理论的修补来解决，因为流行理论的结构性缺陷阻碍了科学发展，或者说流行理论赖以建立的前提被发现有问题。例如，岩浆热液成矿理论的理论基础是岩浆分异作用，其"事实"基础是岩浆通常含有很少的流体。然而，所谓的"事实"未必真实存在，由于研究对象的时空不可及性，许多"事实"其实仅仅是我们的主观推论。由于初始阶段这种推断被普遍认为是合理的，渐渐地，学术界就将其作为了事实。这种情况决定了理论的发展轨迹不完全符合自然事物的发展轨迹。但是，初始时期，这两个轨迹相距不远，通过对主观认识的微调（自组织）可以基本满足指导生产实践的要求。经过长期发展，其间距越来越大，主观认识必须得到革命性的改变（跃迁）。

正因为如此，可以说主观域事物在阶梯内的发展是从光明走向黑暗。在这个过程中，尽管我们的认识实际上得到了绝对提高（现有理论被不断完善），感受上却越来越差，因为有越来越多的事实被发现与现有理论相悖。例如，矿床学家一方面强调岩浆分异作用对成矿作用的贡献，另一方面又说大型-超大型矿床往往与小岩体有关。因此，学者期待提出新的理论，走出黑暗（跃迁）。提出新理论的目的是解释旧有理论不能解释的所有现象。这样，新理论一旦产生，会使我们有光明一片的感觉，似乎所有的问题都不再是问题。然而，随着时间的推移，新的矛盾又会不断产生，黎明前的黑暗必将再次来临。

由此可见，主观域事物的发展也呈阶梯式。不管承认与否，这种阶梯式发展方式都是客观存在的。需要注意的是，单纯的增加投资并不能帮助我们走出黑暗。走出黑暗的正确途径是重新考察现有理论的结构性缺陷。这样的缺陷有可能埋伏于本阶梯的初始位置，或者上一个阶梯或更原始阶梯的初始位置。发现缺陷的位置越原始，对事物进一步发展的推动力就越大，这将要求发现者具有更广博而扎实的知识结构。因此，我们不仅要培养实用型人才，也需要培养能够带领学术界走出黑暗的人才。

4. 从岩浆热液成矿理论到透岩浆流体成矿理论

对内生金属成矿作用的认识就是这样。通过长期的观察和研究，学者较全面地总结了岩浆活动与成矿作用的联系，并将所取得的认识归纳为岩浆热液成矿理论。该理论的主体部分产生于100多年前，目前仍是国际学术界普遍推崇的内生金属成矿理论。一个理论能够在这么长的时期内被学术界如此广泛地接受，可以说该理论无比正确。然而，该理论仅限于对已发现的矿床进行解释，并不能有效指导新矿产地的发现。问题的症结何在？应当更正该理论的某些表述，还是重新提出一种新理论取而代之？如何确定提出新理论的必要性？需要重新考察该理论的前提条件和发展历程。

如前所述，岩浆热液成矿理论的前提是岩浆含有少量的流体，这是岩石学家通过观察火山活动和火山岩得出的结论。野外观察表明，从火山口溢出的岩浆经冷却形成了火山岩；显微镜观察发现，有的火山岩含有晶体，其中大晶体（斑晶）被认为形成于岩浆房，小晶体（基质）则形成于岩浆喷出之后；有的火山岩（如黑耀岩）则完全由玻璃组成；此外，还常见高温气体从岩浆中涌出。据此，岩石学家得出结论：岩浆是高温炽热的熔体，含或不含少量悬浮晶体和/或挥发分。既然岩浆仅含有少量的流体（挥发分），成矿作用却要求巨量的流体，一个合理的假设就是成矿作用所需要的含矿流体由岩浆通过分离结晶作用产生。然而，尽管直接观察到气体（流体）从岩浆溢出，却没有确定性证据表明这些气体是岩浆分异作用的产物。例如，自来水从水管中流出，我们能说自来水是水管分泌的产物吗？可见，这样的简单推理可能是有问题的，含矿流体未必是岩浆分异作用的产物。那么，我们如何证明流体是或不是岩浆分异的产物呢？除了观察事实（如小岩体成大矿、致矿侵入体中没有显著分异作用的迹象、火成岩的成矿专属性不总是存在）之外，也可以从不同的角度来探讨岩浆的某项或某些性质，如岩浆的上升能力。

　　热力学研究表明，岩浆形成于含少量水（挥发分，下同）系统。所谓含少量水系统，就是说系统中的水赋存在含水矿物中。在部分熔融过程中，含水矿物首先分解形成熔体，而水则溶解在熔体中。随着温度升高和部分熔融程度的增加，进入岩浆的无水组分越来越多（图7）。因此，低温岩浆含有较多的水，而高温岩浆则含有较少的水。由于低温岩浆（富水岩浆）距离固相线很近，热力学认为低温岩浆缺乏上升能力，只要略微上升就会固结（图8，b点）。相反，高温岩浆（贫水岩浆）距离固相线很远，因而具有很强的上升能力（图8，a点）。实际观察表明，深成岩中常见含水矿物（如云母和闪石），成岩温度较低；而火山岩中常常缺乏含水矿物，成岩温度较高。看起来，理论分析与实际观察一致，因而可以认同热力学得出的结论，即贫水岩浆具有较强的上升能力。

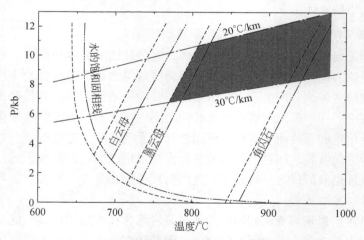

图 7　花岗质岩浆的脱水熔融成因模型

　　然而，从流变学的角度来看，则岩浆上升的能力取决于浮力，包括岩浆与周围介质的密度差及岩浆与通道壁的摩擦力，后者主要取决于岩浆的黏度。流变学实验表明，只要加入少量的水，就可以导致岩浆的黏度大幅（达几个数量级）下降，因而也导致岩浆上升速率大幅增加。例如，在800℃条件下往干花岗质岩浆中加入$2wt\%$的H_2O，可导致岩浆黏度下降6个数量级[5]。随着H_2O含量的增加，岩浆的黏度还可进一步降低。据此，可以说富水岩浆具有强的上升能力，而

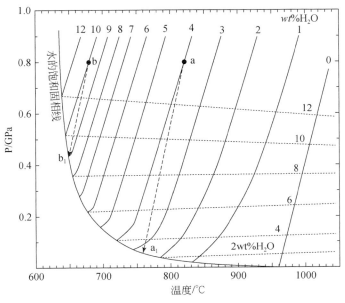

图 8　岩浆上升能力的热力学模型

贫水岩浆则缺乏上升能力。实际观察表明，成矿作用常常与火山岩和浅成、超浅成侵入岩有关，而深成岩一般不成矿。可见，流变学实验也有观察事实的支持。

可见，从流变学和热力学角度都可以检验岩浆的上升潜力，都有观察证据、实验证据和理论依据。但是，流变学实验和热力学实验的解释却得出了截然相反的结论，是热力学有错还是流变学不完善？问题在于，热力学和流变学在其他领域都得到了很好的应用，唯独用来检验岩浆的上升能力时得出了截然相反的结论。据此，有理由怀疑岩浆的定义不完善。如果岩浆中的流体是外来流体（透岩浆流体），它们仅仅是透过岩浆发生作用，这样的矛盾将不复存在。可见，岩浆热液成矿理论在现今科学发展水平上显现了重大的结构性缺陷，不可能通过修修补补得到完善，必须构建一个新的理论体系。

因此，首先将岩浆定义为至少由熔体、固体和流体 3 个子系统组成的复杂性动力系统，其中熔体为核心子系统。成矿系统也是由这 3 个子系统组成，但流体为核心子系统。这两种系统发展的最终结果都是固结并排出气体，因而固体子系统是系统演化的记录器。对比这两个系统的基本构成可以看出，其本质区别在于流体/熔体比值。据此，可以将岩浆系统和成矿系统作为两个端元，按不同的流体/熔体比值配置成具有不同成矿潜力的岩浆成矿系统。关键问题是，根据现有资料，熔体与流体并非是无限可混溶的。如何使岩浆中的流体含量超过其溶解度极限呢？或者说，自然界是否存在流体含量超过其溶解度极限的岩浆呢？泥石流的研究给出了类似的答案。据研究，泥石流可以看作是由水和固体物质（如泥沙、石块）组成的混相流体[12]，水流体含量至少为 20%~40%，这样的性质表明泥石流是水过饱和的。泥石流的驱动力主要是重力，与地形坡度有关，也与水流体的含量有关[13]。类似地，如果岩浆高速运动，也可能呈流体过饱和存在；同样，如果岩浆中注入了大量含矿流体，岩浆便可以实现高速运动。据此，罗照华等提出了透岩浆流体成矿理论[14,15]，认为流体需要熔体好似钻孔冷却用水需要泥浆，以防止含矿流体因地壳浅部构造裂隙太发育而散失；熔体需要流体，恰如泥石流的发生需要水，以有效降低熔体的黏度，使其可以像流体那样快速运动，始终做好含矿流体的"护花使者"；成矿作用好比浮选工艺，"正浮选"时成矿金属堆积于岩浆体外，"反浮选"时成矿金属堆积于岩浆体内。这样，透岩浆流体成矿理论彻底抛弃了岩浆热液成矿理论的基石（岩浆分异作用），可与更广泛的地质过程有机地联系在一起。从迄今为止的检验情况来看，透岩浆流体成矿理论不仅可以解释岩浆热液成矿理论可以解释的问题，而且也可以解释它所不能解释的问题，还可以更简便有效地进行找矿预测。据此，可以认为，透岩浆流体成矿理论的提出是对成矿作用认识的一次跃迁，从岩浆热液成矿理论跃迁了一个台阶。

四、社会域的阶梯式发展

将人类对自然域事物发展规律的认识反施于利用自然和改造自然，就产生了一系列社会域事物。因此，人类从事的活动及其产物绝大多数都属于社会域事物，即使主观域的事物在某种程度上也是社会域事物。社会域事物的发展具有明显的主观烙印，但对于个体来说它们却是客观存在，不以个体的意志为转移。例如，在资源勘查过程中，矿产资源部门制定了各种勘查规范，所有参与资源勘查的集体和个体都必须遵守这些规范，不得违背。但是，勘查规范的制定并不是主观臆造，而是人类认识自然之后的产物。因此，主观域事物发展的阶梯性决定了社会域事物发展的阶梯性。

此外，社会域事物的发展也遵守自己独有的各种准则，主要包括威权准则、群体准则和经济准则，其中经济准则是根本准则。

1. 威权准则

正如复杂性科学的阐述那样，复杂系统由大量、不同且相互作用的子系统组成，其中绝大多数子系统都是平庸的，只有少数子系统可以获得足够的能量而发展起来，并影响系统的整体行为；外部能量也只输入给少数求变的子系统。这里的平庸一词并没有贬义，只是表达这些子系统对系统的整体进步行为贡献不大。

例如，在岩浆成矿系统中，固体子系统的比例增加或减少对成矿作用贡献不大，尽管它可以作为找矿的标志。但是，流体子系统却具有决定性的作用，不仅直接决定了成矿作用的性质和规模，而且制约了熔体–流体流的上升速率，以及岩浆侵入体形态、几何尺度和组成岩石的组构特征。

在社会域，事物的发展也主要受控于某些活跃的子系统，"真理往往掌握在少数人手中"。这种现象可称为威权法则，即权威往往主导了社会域事物的发展方向。例如，院士被公认为是学术界的泰斗，引领着科学研究的发展方向。因此，院士的倡议往往能够很快得到学术界的响应，这是威权准则的典型体现。同样，政府主导房地产涨价，老百姓也只有尽快买房，否则财产损失会越来越大。遵循威权法则有利于形成社会合力，将有限的社会资源投入到最紧要领域，加快社会域事物的发展。

但是，威权准则也经常造成对社会域事物发展的伤害。例如，前面（科学研究的黎明前黑暗一节）谈到的科学研究问题，由于学术权威迷失了科学发展的方向，大多数学者不再听从他们曾经尊崇的学术权威。结果，整个学术界似乎都成了学术权威，都在探讨走出黑暗的途径。这种情况是新权威产生的必要条件，只有在争鸣中产生的权威才是真正的权威，才能引领学术界走出黑暗。然而，科学研究的黎明前黑暗常常导致社会的不满和管理部门的强力介入，如设立大的科研项目和各种奖惩体系，以激励学术界多出成果、出好成果。遗憾的是，管理部门的强力介入往往不仅起不到推动科学发展的作用，反而拖了科学发展的后腿。因为科研成果的好与差没有绝对的衡量标准，不同学科领域的研究成果也没有可比性。这样，管理部门就会制定一些粗犷的、看似有用的评价体系。例如，当前的评价体系是依据学者在英文刊物上发表文章的数量来衡量他们的学术贡献，其潜在的前提条件为：①英文刊物是公正的；②外国学者的研究水平高于中国学者。事实并非总是如此。学者往往会根据自己的好恶来评价投稿，导致笔者经常迁就评审员的学术观点和尽量提供评审员所要求的各种资料信息。这样，在英文刊物上发表文章不仅没有"扬国威"，反而彰显了中国科学研究的落后状况和经济信息的外泄。因此，管理部门的强力介入促使大多数科研人员简单追求在英文刊物上发表文章的数量，反而放弃了科学研究的两个基本任务：推动学科发展和指导生产实践。特别是，当这些靠英文文章数量取得话语权的学者主导中国科学研究方向的时候，将对中国科学造成毁灭性的打击。但是，在权力部门认识到这种危害性之前，现行的评价体系依然会继续执行。

由此可见，威权准则具有建设性和破坏性的两面性，其建设性应当得到鼓励，而破坏性则应当受到抑制。当威权准则具有破坏性时，就会阻碍社会域事物的良性发展。但是，这种破坏性只有达到显著性程度时才能被认识，否则，它将一直释放负能量，导致社会域事物的发展停滞不前、甚至倒退（消耗内能）。一且破坏性达到显著程度，变革（跃迁）是必然的。因此，社会域事物也呈阶梯式向前发展。

2. 群体准则

所谓群体准则，就是尊重大多数。如上所述，威权形成于争鸣之中，即威权得到大多数人的认可。可见，威权与群体是对立统一的。理论上，不存在没有群众基础的威权，一个群体也不可能没有威权的引领。实际上，这两个事物的发展水平常具有一定的差异。当威权准则具有破坏性的时候，群体准则必须发挥作用。因此，群体准则也是一个非常重要的准则。许多社会域事物的发展都具有明显的经济效益，却不能实施，因为社会大众尚未充分认识到它们的重要性和必然性，也即尚未形成社会共识。与其相关的另一方面，就是某些有损经济效益的社会域事物又不得不任其发展。

仍以资源勘查为例，由于认识的提高或具体地质条件的限制，有些规定的工作是没有必要实施的。但是，由于业内尚未普遍认识到这一点，规范还是不得不执行。例如，在风成沙覆盖区，化探方法很难发挥效力，但很多地区依然要完成化探工作量，因为质疑这种工作方法的声音还不够响亮。另外，一些有用的方法又得不到推广，因为业内对其认识不足。例如，侵入岩结构特征可能是识别致矿侵入体的重要依据[16]。但是，业内对其工作原理和工作方法尚不够理解，无法大范围推广。再如，许多学者都热衷于利用地球化学图解判别火成岩形成的构造环境。实际上，构造环境的判别不仅要了解火成岩构造组合，而且要了解与其相关的沉积建造。但是，由于利用地球化学图解判别构造环境的方法很简便，使用人数众多，我们只好认可这种方法。正因为如此，社会域事物有可能长期停留在一个低水平上发展，对长期经济效益造成伤害。

"人民并非无罪"和"大多数子系统都是平庸的"这两句话虽然有点难听，却如实道出了群体准则不可滥用的原因。为了防止社会共识对社会事物发展造成伤害，产生有利的社会共识，就应当引导社会大众放弃旧的共识，形成新的共识。例如，管理部门可以通过试点的方法，逐渐改变社会大众对某些事物的看法，从而使事物的发展迈上一个新台阶。又如，政府部门可以禁止低俗文化的传播，改善社会发展的文化背景。虽然"真理往往掌握在少数人手中"，却只有获得多数人认同才能指导社会实践。因此，管理部门应当有能力和智慧评判社会共识的利与弊。否则，将为群体准则的滥用付出不可承受的社会成本。例如，当前管理部门评价科学家的科学贡献时，采用了科学论文的引用率和影响因子这两个参数，其出发点是一篇文章的引用率越高，说明其学术水平越高，因而其影响力越大；反之，一篇文章的影响力越大，就说明其学术水平越高。但实际情况并非如此，这两个参数并不能用来评价科学论文的学术水平。首先，一篇文章的引用率高，其基本解释说明该领域的研究人员众多，且许多研究人员都能够看懂并引用这篇文章的内容。因而，这篇文章的学术水平必然是一般，而不是出众。其次，影响因子与文章内容和大众认识的反差有关，某些文章引起强烈反响并不表明其学术水平高，而是学术水平极低，因而导致群起而攻之。可见，这种表面上尊重大多数的做法实际上是不可取的，没有达到管理部门评价科学家学术水平的初衷。但是，管理部门并没有认识到这种评价体系的危害性。许多学者虽然认识到了这种评价体系的危害性，却并未提出抗争，而是随波逐流。

可见，群体准则也具有建设性和破坏性的两面性。只有社会共识有利于事物良性发展时，这样的共识才是值得尊重的；否则，必须予以抑制。

3. 经济准则

综上所述，威权准则和群体准则都具有建设性和破坏性两面性。为了防止权威和权力部门的破坏性，需要从制度上抑制威权的使用范围和制定威权效益的评估机制。如何评估上述两种准则的建设性与破坏性呢？需要使它们服从经济准则。如前面谈到的财务报账规章，防止了小额经费流失，却造成了更大的浪费，这显然是不可取的。

本质上，人类的社会活动都是为了创造经济效益，包括长期效益和近期效益。绝大多数社会活动与近期效益有关，因为人类的生存权排在一切权力之首。因此，社会域事物的发展经常与产出/投入比值联系在一起，具有追求近期经济效益最大化的倾向。这种倾向对主观域事物的发展提供了一种判别准则，也是推动主观域事物发展的动力。但是，这种倾向也常常损害社会活动的长期效益。例如，超贫磁铁矿的开采就是以毁坏山林、流失土壤、破坏环境为代价的，少量近期效益导致的环境损害需要大量的长期投资来修复。这种倾向也常常损害发展经济的科学基础。例如，社会上常常将科学与技术混为一谈，要求科学研究也创造经济效益，导致技术开发得不到可持续的科学支撑。

在经济原则的指导下，社会域事物的发展必然是阶梯式向前发展的。例如，在资源勘查领域，经济准则表现为勘查工作的阶段性。朱训简要阐述了资源勘查的阶段性[17]。根据他的描述，目前资源勘查划分为 4 个阶段，即预查、普查、详查和勘探，每一个阶段又分为野外和室内两个亚阶段。这种阶段的划分与研究对象的时空不可及性有关，也与成矿作用的随机性有关（图 6）。如图 6 所示，尽管岩浆成矿系统的每一次分岔都可能发生成矿作用，但我们并不清楚何时何地发生了成矿作用。图 6 还告诉我们，低阶过程不能越过结点直接与高阶过程相联结；尽管控矿因素很多，但在时空结构图的具体位置上只有一个因素起主导作用。因此，资源勘查过程中必须一步一步向前探索，以较小的代价获取较大的经济利益；而不是全面铺开，获取大量可能对找矿有用或无用的信息。由此，每一个阶段都用相对小的投资使找矿工程师对矿床的认识上了一个台阶，增加了对进一步勘查或放弃的信心。

　　例如，在安妥岭钼矿的勘查中，第一，根据该区产出有宽谱系岩墙群确认了成矿作用已经发生[8]。这通过已有图件的判读就能解决，不需要多少投资。第二，确认宽谱系岩墙群分布区有小岩体存在，且该岩体具有大的边界形态复杂性系数，暗示成矿作用主要与小岩体有关。第三，根据小岩体的组成岩石具有多斑斑状结构和地表露头无矿化现象，确定大部分含矿流体被封存在岩浆体内。第四，对比小岩体的地质结构和地球物理方法确立的物性结构，可以大致确定矿体埋藏深度，即地质结构的完整性与物性结构非完整性重叠的深度就是见矿深度[8]。这样，虽然每走一步都要付出一定的成本，但不至于大起大落。

　　可见，经济准则是社会域事物发展的根本准则。正如邓小平所述，发展是硬道理。因此，群体准则可归结为"两利相权取其重，两害相权取其轻"。在这种情况下，必然出现为了长期效益最大化而暂时损害短期效益的社会行为，降低社会事物的发展水平。这种行为的目的是为社会域事物发展的跃迁积蓄能量，有利于可持续发展，而不是相反。

五、条件跨越式发展

　　综上所述，无论是自然域、主观域还是社会域的事物都呈阶梯式发展，阶梯可以缩小但不能逾越（图2）。然而，以上所述主要论及事物自身的发展规律，以及事物与环境间的弱相互作用和适度相互作用。当环境对事物的发展施加强力约束时，某些阶梯却是可以逾越的，这种发展方式称为条件跨越式发展。此外，事物的发展途径可能多种多样，所谓殊途同归就是这个道理。在这种情况下，某些途径上的一个阶梯可能相当于另一些途径上的两个或两个以上阶梯。换句话说，在这样的途径上迈上了一个阶梯就相当于在其他途径上迈上了多个阶梯，这种发展方式也应当归属为跨越式发展。

1. 系统与环境的相互作用

　　热力学中，将目前被研究的部分称为系统，而邻近系统、在系统之外的部分称为环境。根据系统与环境的物质和能量的交换方式，系统被划分为孤立系统、封闭系统和开放系统三类。根据发展路径的可预期性，系统又可以划分为理想系统和复杂系统。显然，本文讨论的事物属于开放系统和复杂系统。这类系统不可避免地要与环境发生相互作用。例如，当熔体–流体流在上升过程中遭遇构造裂隙导致的负压区时，就可能发生熔体–流体流的侵位；当熔体–流体流在地壳浅部遭遇碳酸盐岩石时，可能导致夕卡岩化和成矿金属的大规模沉淀。但是，这些过程并不是必然发生。如果发生系统与环境的强相互作用，事物发展的某些阶段可能不存在或不显著。例如，当岩浆通过碳酸盐地层的速度远大于岩浆–碳酸盐岩的反应速度时，可以不导致碳酸盐岩的夕卡岩化。

再以岩浆系统的演化为例。一般而言，岩浆系统的演化历程可以划分为以下几个阶段：前岩浆阶段、岩浆阶段和后岩浆阶段，其中岩浆阶段可进一步划分出部分熔融、岩浆分凝、岩浆上升、岩浆侵位、岩浆固结 5 个亚阶段，后岩浆阶段可进一步划分出超临界亚阶段、岩浆射气亚阶段和热液阶段。理想地，一个岩浆系统的演化需要经过所有这些阶段和亚阶段。但是，如果环境为系统提供了足够的驱动能量，某些阶段可能被忽略。例如，当岩浆形成于反应流体流模式时，岩浆分凝阶段将不复存在，前岩浆阶段的源区上升也不是必需的；当岩浆体积很小时，岩浆上升和岩浆侵位两个亚阶段可合二为一。这种可以省略某些阶段的发展方式称为跨越式发展（图9）。由此可见，跨越式发展的主要控制因素是能量和速率，归根结底是能量的供给数量和供给速率，以及系统对外部输入能量的响应能力。

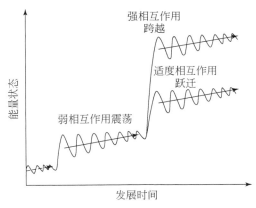

图9　阶梯式发展的能量控制

同样，在资源勘查过程中，如果在预查阶段就发现了斑岩型矿床的确定性证据，普查阶段将不是必须的，甚至可直接进入勘探阶段。例如，在西准噶尔莫阿特地区的矿产预查工作中，发现海豚岗岩体发育气孔状构造。根据透岩浆流体成矿理论，侵入岩中大规模出现气孔状构造暗示了富含流体岩浆的快速侵位和冷却（含矿流体不能有效逃逸），因而必然挟带有大量的成矿物质（流体中成矿金属的溶解度与压力正相关），且这些成矿物质必然被圈闭在岩浆侵入体内（气体被有效圈闭）。显微镜观察证实了这种推论，大量的硫化物出现在气孔中和造岩矿物的粒间，且硫化物大多呈他形（晶体快速析出的证据）。这表明，该岩体必然蕴藏了某种斑岩型矿床，尽管目前尚不清楚其成矿金属类型。如果化学分析进一步证实岩石中的某种金属（如金）达到工业品位，就应当可以直接进入勘探阶段，以缩短资源开发的周期。

　　由这两个实例可以看出，与上述阶梯式发展有所不同，环境提供能量的数量和速率有可能超过事物发展跃迁一个阶梯的要求（图9）；事物也可能沿着不同的路径发展（图10），因而其阶梯的尺度比通常路径上的阶梯尺度更大，相当于在一般情况下事物发展获得了更多的驱动能量。本文将系统与环境间的这种相互作用称为强相互作用。因此，系统与环境间的相互作用可分为三类：弱相互作用、适度相互作用和强相互作用（图9）。在弱相互作用条件下，系统通过自组织过程修复系统与环境间的矛盾，实现事物的稳步发展；在适度相互作用的条件下，系统获得足够的外部能量，事物发展水平得以跃迁；在强相互作用条件下，系统获得"过量"的外部能量或找到了发展的捷径，事物可以实现跨越式发展。

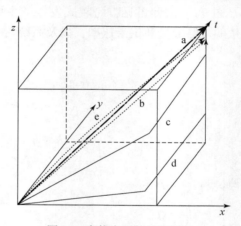

图10　事物发展的殊途同归

a. 预期的发展路径；b. 理想的发展路径；c. 中速迁回发展路径；d. 低速迁回发展路径；
e. 高速迁回发展路径

　　这就是说，在多维空间中，事物还可以具有不同的发展路径（图10）。如图10所示，即使到达的最终位置相同，事物发展的各种路径却具有不同的方向和坡度。一般说来，缓坡度的发展路径需要较少的能量支撑，但需要较长的发展时间或较快的发展速率；陡坡度的路径需要较多的能量支撑，但需要的发展时间较短或发展速率较快。在这种情况下，某些路径上的阶梯尺度可以远大于其他路径上的阶梯，甚至相当于两个或两个以上的阶梯。因此，当事物沿着这样的路径（图10，路经b）发展时，就相当于在其他路径（图10，路经d）上的跨越式发展。

2. 实现跨越式发展的途径

　　如图9所示，不管事物发展跨越了多少个台阶，台阶依然存在。显然，跨越式发展是阶梯式发展的一种特殊发展形式，其效益显著高于一般的阶梯式发展。因此，跨越式发展应当更受欢迎，寻找实现跨越式发展的途径是哲学研究和科学研究的重要任务。在上述这两个实例中，一个是岩浆在大量流体的作用下产生，另一个是发现了新的联系预查和详查的路径，均实现了事物的跨越式发展。当源区被输入大量高温流体时，流体不仅大大升高源区的温度，而且也大大降低源区的固相线温度，还大大降低所形成岩浆的黏度。因此，岩浆可以快速形成并迅速上升，有可能忽略岩浆分凝过程，或者这种过程根本不存在。如果事物的发展具有多种路径（图10），在这些路径上阶梯的几何尺度可能有所不同，因而在一种路径上的发展阶梯可能相当于其他路径上的两个或两个以上阶梯。用某种路径上的阶梯尺度作为标准衡量时，这种路径上的阶梯式发展就相当于其他路径上的跨越式发展。由此可见，实现跨越式发展是可能的，但要求有一定的前提条件。换句话说，事物跨越式发展的途径必然是非常规的，要求获得额外的驱动能量和/或联系方式。在上述两例中，其共同点是与岩浆获得了超常的运动速率，因而也要求超常的能量驱动机制。正因为如此，本文将这种发展方式称为条件跨越式发展。

综观各种事物的发展历程，可以发现不同的事物具有差别极大的发展速率。例如，对巴布亚新几内亚的一个金矿研究表明，形成一个 1300t 的超大型金矿只需要 55000 年，而太平洋板块向南美大陆的俯冲则可能超过了 2 亿年。即使同一种事物，也往往表现出差别极大的发展速率。例如，金伯利岩岩浆从源区上升到地表可能只需要数天或十几个小时，某些花岗质岩基的组装却可能经历了 1000 万年。主观域和社会域的事物也是这样。由于每一种事物与相邻事物都存在某种内在的联系，这种发展速率的变化必然导致相邻事物的同步响应。例如，当熔体-流体流快速上升并侵位时，必然导致屏蔽层中自生长裂隙的产生。如果相邻事物不能作出同步响应，这些事物将被边缘化，直至消弭。例如，由于流体与熔体的活动能力差别巨大及大岩浆体的侵位存在空间问题，成熟度高的岩浆体必然缺乏成矿潜力。同样，如果一个社会长期不能适度满足进步分子的发展需求，就可能造成人才流失。例如，一个学者的一篇文章可能推动学科发展迈上一个新阶梯，而其他文章仅能引发阶梯内的小振荡。显然，以文章数量来衡量学者对科学的贡献是不合理的，当这两类文章是由不同学者发表时尤其如此。如果管理部门长期坚持以这种标准来衡量学者的贡献，就会导致被动共识和勇于探索的人才流失。

因此，详细了解各种事物的发展路径、速率及其标志序列是实现跨越式发展的有效途径。只有在这个基础上，才能制订相应的发展策略。

六、结　论

综上所述，必须从多维空间的角度来探讨事物发展的一般规律。否则，我们的认识将是片面的，相当于一般规律在某个坐标平面上的投影。因此，阶梯式发展理论比其他理论更加全面。特别是，本文探讨了阶梯式发展的能量驱动机制和事物发展的路径，较好地解释了为什么事物发展具有阶梯式，并阐明了跨越式发展的可能性和路径。由此，可以得出如下结论。

（1）世界一切事物可以划分为自然域、主观域和社会域。在任一时间段内，任何事物的发展水平总是低于其预期值，因而事物发展到一定阶段必然发生跃迁或消亡。因此，无论是自然域、主观域还是社会域，阶梯式发展都是事物发展的普遍规律。它在时间坐标上表现为阶段性，在空间坐标上表现为台阶性。

（2）阶梯的划分具有时间尺度依赖性，因而阶梯式发展具有内嵌的自相似结构。阶梯内具有震荡式稳定发展路径，阶梯间则表现为事物发展的跃迁。就确定性的事物发展路径来说，阶梯可以无限细分，但不可逾越。当阶梯被无限细分时，每一阶段的事物发展路径都相当于两段曲率不同的曲线的联合，但阶梯依然存在。

（3）阶梯式发展要求有一定的能量驱动机制，这种能量可以来自系统内部，也可以来自周边环境。但是，只有能量输入数量和速率达到某种（克服能障的）临界值时，才可能发生阶梯的跃迁。因此，自然域事物发展的阶梯性是一种客观存在，阶梯的划分不以人的意志为转移；而主观域和社会域事物发展的阶梯划分则具有一定主观因素。

（4）阶梯的跃迁包含着建设性和破坏性两个方面，阶梯的尺度太小或太大都要支付大的成本，因而合理标度阶梯的尺度是可持续发展的关键。

（5）事物与环境的相互作用可分为三类：弱相互作用、适度相互作用和强相互作用。当事物与环境发生强相互作用（高能量供给或发现捷径）时，可实现跨越式发展，后者是阶梯式发展的一种特殊形式。

（罗照华：中国地质大学（北京）教授；王恒礼：中国地质大学（北京）教授；罗穆夏：中国地质大学（北京）教授；雷新华：中国地质大学（北京）教授）

参 考 文 献

[1] 朱训. 找矿哲学概论. 北京：地质出版社，2008.

[2] 朱训. 从矿产勘查过程看认识运动的"阶梯式发展". 自然辩证法研究，1991，7（10）：7-11.

[3] 朱训. 阶梯式发展是物质世界运动和人类认识运动的重要形式. 自然辩证法研究，2012，28（12）：1-7.

[4] 曲昭力. 关于标准的阶梯式发展理论的研究. 中国标准化，1994，（9）：12-15.

[5] Baker D R. Granitic melt viscosity and dike formation. Journal of Structural Geology, 1998, 20（9）：1395-1404.

[6] 杜乐天. 研究自然的"探照灯"理论//王恒礼，程新. 地学哲学与地质找矿. 北京：地

质出版社，2012：71-74.

[7] 罗照华，魏阳，辛厚田，等．造山后脉岩组合的岩石成因——对岩石圈拆沉作用的约束．岩石学报，2006，22（6）：1672-1684.

[8] 罗照华，梁涛，卢仁，等．安妥岭钼矿的快速空间定位方法．西北地质，2012，45（S1）：21-24.

[9] 杜乐天．地球的五个气圈与氢、烃资源——兼论气体地球动力学．铀矿地质，1993，9（5）：257-265.

[10] 杜乐天，DU Le-tian. 地球的 5 个气圈与中地壳天然气开发．天然气地球科学，2006，17（1）：25-30，35.

[11] 罗照华，王恒礼．科学研究的黎明前黑暗//王恒礼，程新．地学哲学与地质找矿．北京：地质出版社，2012：83-91.

[12] 张万顺，乔飞，崔鹏，等．坡面泥石流起动模型研究．水土保持研究，2006，13（4）：146-149.

[13] 兰恒星，周成虎，王小波，等．泥石流本构模型及动力学模拟研究现状综述．工程地质学报，2007，15（3）：314-321.

[14] 罗照华，莫宣学，卢欣祥，等．透岩浆流体成矿作用——理论分析与野外证据．地学前缘，2007，14（3）：165-183.

[15] 罗照华．透岩浆流体成矿作用导论．北京：地质出版社，2009.

[16] 罗照华，卢欣祥，许俊玉，等．成矿侵入体的岩石学标志．岩石学报，2010，26（8）：2247-2254.

[17] 朱训．找矿哲学认识论的几个问题//王恒礼，程新．地学哲学与地质找矿．北京：地质出版社，2012：7-12.

第二篇　阶梯式发展是事物发展的重要形式

阶梯式发展是实施工程活动的重要方式

朱 训 梁磊宁 雷新华

摘要： 阶梯式发展是物质世界运动和人类认识运动的重要形式，是自然界、人类社会和日常生活中常见的一种形式，也广泛存在于工程活动之中。矿产勘查工程、载人航天工程、"蛟龙号"潜水工程和地面建筑工程为阶梯式发展提供了很好的例证。遵循阶梯式发展规律是成功实施工程活动的前提和保证。

关键词： 阶梯式发展；工程活动；矿产勘查工程；载人航天工程；"蛟龙号"潜水工程

一、阶梯式发展是物质世界运动和人类认识运动的重要形式

阶梯式发展这个理论观点是笔者于 1991 年在中央党校学习期间提出的。当时，在学习运用马克思主义哲学基本原理、总结我国 42 年矿产勘查实践经验的过程中，撰写了一篇题为《阶梯式发展是矿产勘查工作过程中认识运动的主要形式》的学习心得，首次提出阶梯式发展这个理论观点[1]。后经近 20 年的观察研究，进一步发现，在自然界、人类社会和日常生活中广泛存在着阶梯式发展这一重要的发展形式，于是，在《自然辩证法研究》杂志上发表的题为《阶梯式发展是世界物质运动和人类认识运动的重要形式》和在《人民政协报》发表的《阶梯式发展是实现科学发展的重要形式》等文章中进一步阐述了阶梯式发展论这个理论观点[2,3]。

阶梯式发展论的内涵就是指事物发展具有随时间从一个台阶前进到另一个台阶的属性。这种属性广泛存在于自然域、主观域和社会域各事物之中。阶梯式发展论不仅反映了客观物质世界运动和人类主观认识运动发展的客观规律，而且反映了人们的主观认识来源于实践的规律，体现了存在决定意识和精神对于物质的反作用这一辩证唯物主义的基本原理。所以阶梯式发展也是人的认识运动发展的重要形式。

阶梯式发展论有如下特点：第一，阶梯式发展是一个非线性的、前进的运动过程，发展是不平衡的；第二，阶梯式发展阶段之间都是质的飞跃，从一个台阶前进到另一个台阶，都是一个量变到质变的过程；第三，阶梯式发展在认识的每个阶段上，都包含"实践—认识—再实践—再认识"的循环与深化过程；第四，

阶梯式发展在方向上可以是依次向上呈阶梯式发展，也可以是依次向下呈阶梯式发展，但都是向前发展。

阶梯式发展论认为，阶梯式发展形式与马克思主义经典著作中论及的"螺旋式上升"和"波浪式前进"这两种事物发展形式既有共同之点，也有不同之处。其共同点是三者皆具有"曲折性与前进性的统一"的特点；不同之处在于阶梯式发展总体上没有"波浪式前进"形式中的那种"波峰"与"波谷"之分，而只是在台阶内部可能出现有小的波动，也没有"螺旋式上升"形式中那种"前进式上升"与"复归式上升"之分。更为重要的一点是，"阶梯式发展"较"螺旋式上升"和"波浪式前进"是客观事物发展过程中更为广泛与常见的一种形式。

阶梯式发展论认为，客观事物的发展都是一个过程，任何一过程都是要划分阶段的。阶段的划分既要考虑阶段之间的联系，又要分清各个阶段之间质的区别，要准确地把握每一个阶段的性质，弄清每一个阶段的任务，在此基础上采取针对性的方法、措施，一步一个台阶地推进客观事物的发展。

阶梯式发展论还认为，"跨越式发展"也是客观物质世界运动的一种形式，可以通过创造各种主、客观条件来缩短台阶间的距离，实现有限度的跨越。但实践表明，在一般情况下，阶段是不可跨越的，任何不顾主、客观条件就试图省略和跨越阶段的做法，都会违背客观规律，在认识和实践中出现盲目性和偏差。

二、阶梯式发展广泛存在于工程活动之中

（一）工程活动的过程呈阶梯式发展

工程活动是指运用物质、人力、知识、技术、信息、设备经费等资源，建立能产生预期效果的实体。工程活动的过程一般包括工程理念和决策、工程规划和设计、工程实施、工程运行和评估、工程更新与改造这5个基本阶段。

工程理念和决策阶段是工程活动开始的先行阶段，是指工程技术人员、工程管理人员、项目策划人员及有关主管人员在开始从事工程活动时，在研究、设计和制定工程项目的总体计划、系统规划和具体任务的处理方案与对策时，在科学地组织、实施工程项目的过程中，运用知识、经验和智慧，在当时的环境、条件和背景下，确定出局部优化或全局优化的具体实施计划的过程[4]。这一阶段的主要任务是解决要不要实施某项工程的问题，因而，这个阶段可以说是工程活动的基石。工程决策不科学，基石就不稳固，后面几个阶段的工程活动就不能科学地一步一个台阶地向前发展。

工程规划和设计阶段是工程活动的初始阶段。工程设计过程中包含着两个小的阶段，也是两个小的台阶：第一阶段就是对工程认识表现的思维活动，具体而言就是对工程活动意义、目的及其可行的周边环境和技术工艺的认识，这属于认识论的范畴；第二阶段就是工程设计者在具体的目标指导下，在工程决策的基础上对具体工程项目在工程材料、工程技术手段、工程工艺等方面的选用和工程结果现实意义的预行判断并做出决策的过程。有了第一阶段宏观意义上的认识这个前提，才会有第二阶段具体的工程设计。第二阶段是对第一阶段的一个上升，是一个更高的台阶[5]。

工程实施阶段是管理人员要按照工程建设的有关法律、法规、技术规范的要求，根据工程设计方案，调动各方面的综合资源，对项目工程从开工至竣工的工程质量、进度、投资及其他方面的目标进行全面控制管理[6]。从马克思主义认识论来讲，工程实施阶段是把工程决策、工程设计从认识转化为实践的阶段。由认识到实践是一个质的飞跃。从阶梯论来讲，就是上了一个更高的台阶。

工程运行和评估阶段涉及工程建设的一切方面和所有阶段。在规划阶段，前期评估时工程可行性分析的主要内容，是工程决策的重要依据，也是决策支持系统不可缺少的内容；中期评估涉及对设计水平、施工水平及工程质量的评估，涉及工程的各个技术领域，需要大量的技术知识；后期评估则涉及工程设施现有的可靠性及剩余寿命，对改建项目的评估，则涉及范围更广，需以已有设施的后期评估作基础，进行新项目的各期评估[7]。从评估的内涵可以看出，评估既有对工程决策、设计这种认识的再认识，也有对工程实施这种实践的再认识，但不管哪种认识，都可以说工程评估阶段是对前面所有阶段的深化，是更高台阶的一个认识。

工程更新与改造阶段是在工程的运行评估结束后，通过评估结果对工程进行改建，在原有基础上，为提高生产效率、改进产品质量或改变产品方向，或改善工程设施使用功能、改变使用等，对原有工程进行的改造和建设。阶梯式发展论认为，在发展过程中的台阶内部可能出现小的波动。这个阶段就可以认为是工程活动过程中的波动，但是这不仅不影响工程活动的质量，反而会促进工程质量更上一个台阶。

总之，工程活动中的这几个阶段都是一个台阶一个台阶地向前发展的，是阶梯式发展规律在工程活动中的生动体现。

（二）遵循阶梯式发展的工程活动案例

1. 矿产勘查工程呈阶梯式发展

矿产勘查过程，实际上就是地质工作者对赋存于地壳之中的矿产的客观地质情况进行认识的过程。成矿规律的复杂性和矿床赋存状态的隐蔽性，决定了人们对矿床认识的曲折性、渐进性、阶梯性和矿产勘查过程的阶梯式发展。目前，中国将矿产勘查过程分为普查、详查、勘探 3 个大的阶段。地质工作者在从事普查、详查、勘探工作时，出于适应认识上的需要，即为了有效地发现所要寻找的矿产地，又将每个阶段划分为野外实地勘查和室内综合分析两个小的阶段（图 1）。

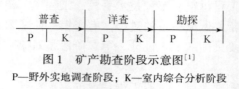

图 1　矿产勘查阶段示意图[1]

P—野外实地调查阶段；K—室内综合分析阶段

野外工作时期主要是通过收集野外第一手实际资料来获得和积累对矿产地质情况的感性认识及某些理性认识。而室内综合分析研究，主要是对野外工作所获得的第一手资料按照"去粗取精、去伪存真、由此及彼、由表及里"的原则进行综合分析研究，使野外观察研究所获得的感性认识上升为理性认识。由此可见，在每一个阶段内部，都包括从实践到认识、从感性认识到理性认识、从量变到质变的过程。随着这 3 个阶段的依次递进，认识也逐级提高。在从一个阶段到另一个阶段勘查工作顺序推进过程中，对于矿床的认识程度也是一个呈阶梯式形式逐步前进与上升的过程，也是犹如上了一个台阶又上了一个台阶似的发展前进着。就是说，"阶梯式发展"是矿产勘查过程中认识运动的主要形式。就是这样，矿产勘查工作过程中的 3 个阶段，每一个阶段都包含着"实践、认识"这一认识过程的循环。连贯起来看，整个矿产勘查工作过程就是实践、认识、再实践、再认识的过程。但是认识发展是不会停滞的，每个阶段里的认识也可能出现某些波动，但这个过程运动的总趋势是呈阶梯式前进的（图 2）。

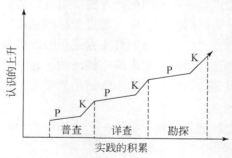

图 2　阶梯式过程示意图[8]

P—野外实地工作调查；K—室内综合分析

2. 载人航天工程呈阶梯式发展

载人航天是指为更好地开发利用太空资源，由航天员驾驶载人航天器基于各种载人航天技术进行太空探索和研究的工程活动[9]。载人航天工程由载人航天系统实施。载人航天系统由载人航天器、运载器、航天器发射场和回收设施、航天测控网等组成，还包括其他地面保障系统。载人航天要保证航天员安全地往返于太空，同时，顺利地完成在空间站的工作。

我国载人航天工程目前已大致经历了 3 个大的阶段。

第一阶段：将航天员送入地球轨道并安全返回。在这一阶段中，为保证任务的完成，工程活动进程中又分为几个小的阶段：①先后发射了无人飞船和动物卫星进行了初期的探索实验，验证了载人航天工程的可行性和安全性；②发射载人飞船，实验人对轨道飞行的适应能力。2005 年，"神舟六号"的成功返航，标志着我国载人航天实现了从无人到载人、从单人到多人的发展。

第二阶段：在第一阶段的基础上发展载人飞船和空间飞行器的交会对接技术，并由航天员进行短暂的舱外活动及其他研究活动。2008 年，我国成功发射"神舟七号"，完成了太空漫步。2011 年，"神舟八号"和"天宫一号"成功完成了无人交汇对接，标志着我国掌握了载人航天的三大基本技术。2012 年，"神舟九号"飞船在航天员的操控下，顺利实现与"天宫一号"的手控交汇对接，标志着我国已全面掌握空间交会对接技术，具备了建设空间站的基本能力。2013 年，"神舟十号"成功发射，为我国第三阶段的发展奠定了基础[10]。

第三阶段：发展实验性航天站，进一步考察人在太空环境下长期生活和工作的能力，利用空间独特环境从事多种学科研究和应用实验，诸如生物学、医学、天文学、材料和工艺试验和地球资源勘测等，同时也为建立实用航天站积累了经验。在这一阶段中，我国目前的目标是建造载人空间站，解决有较大规模的、长期有人照料的空间应用问题。中国航天科技集团表示，在 2020 年前后建立中国自己独立自主的空间站[11]。

这 3 个大的阶段就是 3 个大的台阶，后一个阶段是在前一个阶段的基础上发展起来的，后一个阶段是前一个阶段的继续，而后一个阶段又为再后一个阶段的工程活动再上一个新的台阶创造条件。总之，这是呈阶梯式发展的既彼此紧密联系又有质的区别的 3 个阶段。

3. "蛟龙号"潜水工程呈阶梯式发展

2012 年 6 月 27 日，中国"蛟龙号"再次刷新"中国深度"——下潜7062m，引发西方媒体对"蛟龙号"载人深潜器战略意义及军事用途的评论。

为推动中国深海运载技术发展，为中国大洋国际海底资源调查和科学研究提供重要高技术装备，同时也为中国深海勘探、海底作业研发共性技术。中国科技部于 2002 年将"蛟龙号"深海载人潜水器研制列为国家高技术研究发展计划（863 计划）重大专项，启动"蛟龙号"载人深潜器的自行设计、自主集成研制工作，设计下潜深度 7000m。蛟龙号潜水工程的发展阶段可以按照海试的深度分为3000m海试阶段、5000m海试阶段和7000m海试阶段3个大的阶段。

第一阶段：从2009年8月开始，"蛟龙号"载人深潜器先后组织开展1000m级和3000m级海试工作。2010年5月31日至7月18日，"蛟龙号"载人潜水器在中国南海3000m级的海上试验中取得巨大成功，共完成17次下潜，其中7次穿越2000m深度，4次突破3000m，最大下潜深度达到3759m，比全球海洋平均深度3682m还多77m，并创造了水下和海底作业9小时零3分的记录，验证了"蛟龙号"载人潜水器在3000m级水深的各项性能和功能指标[12]。

第二阶段：2011年7月21日，中国载人深潜器进行5000m海试，"蛟龙号"成功下潜。2011年7月26日，"蛟龙号"首次下潜至5057m，顺利完成5000m海试的主要任务。2011年7月28日，开始5000m级海上试验第三次下水任务，最大下潜深度5188m。7月30日和8月1日，"蛟龙号"又分别完成了第四次、第五次试潜，成功在海底布放木雕，并完成了沉积物取样、微生物取样、标志物布放等作业内容，进一步验证了载人潜水器在大深度条件下的作业性能及稳定性。

第三阶段：自2012年6月3日"蛟龙号"出征以来，在7000m级海上试验任务中，连续书写了5个"中国深度"新纪录：6月15日，6671m；6月19日，6965m；6月22日，6963m；6月24日，7020m；6月27日，7062m。下潜至7000m，标志着我国具备了载人到达全球99%以上海洋深处作业的能力，标志着"蛟龙号"载人潜水器集成技术的成熟，标志着我国深海潜水器成为海洋科学考察的前沿与制高点之一，标志着中国海底载人科学研究和资源勘查能力达到了国际领先水平。6月30日，中国"蛟龙号"号7000m海试的全部试验完成。

2013年6月17日，中国"蛟龙号"载人潜水器从南海–冷泉区海底回到母船甲板上，三名下潜人员出舱，标志着"蛟龙号"首个实验性应用航次首次下潜任务顺利完成[13]。

阶梯式发展论认为，客观物质世界运动和人类认识运动在向前发展时，可以是依次向上呈阶梯式发展，也可以是依次向下呈阶梯式发展。虽然这是两个方向，但都是前进。就如住在楼房里的人为了达到自己的目的地，在向上爬楼梯是前进，在下楼梯同样是前进，只是方向不同。"蛟龙号"潜水工程实施3个大的阶段虽然方向是向下发展，但也是呈阶梯式向下依次向前发展的，而且这3个阶段在认识上也依次攀登上3个台阶，呈阶梯式向前发展。

4. 建筑工程呈阶梯式发展

建筑工程作为工程活动之中的一种，必然符合"工程理念和决策—工程规划和设计—工程组织和调控—工程实施—工程运行和评估—工程更新与改造"这一基本阶梯式发展过程。同时，作为一类具体的工程活动，建筑工程也有着符合自身的依次发展阶段。建筑工程呈阶梯式发展可以从由小到大两个级别方面来体现。

　　具体到某一建筑或建筑群，建筑工程活动由前至后依次划分为概念阶段、规划阶段、实施阶段和结束阶段。其中，概念阶段即为工程的理念和决策阶段；规划阶段则包含范围确定、研究方案和风险评估等一系列规划内容；实施阶段则为具体问题的解决，也就是建设阶段；最终进入结束阶段，完成工程竣工之后的一些工作。

　　我国建筑业认为，建筑工程项目的生命期包括项目的决策阶段、实施阶段和使用阶段，其中决策阶段包括项目建议书、可行性研究，实施阶段包括设计工作、建设准备、建设工程及使用前竣工验收等（图3）。

图3　我国建筑业建设工程项目生命期划分[14]

　　国际标准化组织将建设工程项目生命周期划分为建造阶段、使用阶段和废除阶段，其中建造阶段又进一步细分为准备、设计和施工3个子阶段（图4）。

　　从图4中我们可以看到，尽管不同国家和组织对于建筑工程项目生命期的划分具体细节有所不同，但总体上都体现了阶梯式发展的特点，整个建筑项目的完成都是依次按阶段完成的，每一个阶段的完成都是以前一个阶段为基础的，而该阶段的完成又为下一个阶段的启动和完成铺下基石，像台阶一样不断地向前推进，直至项目结束。

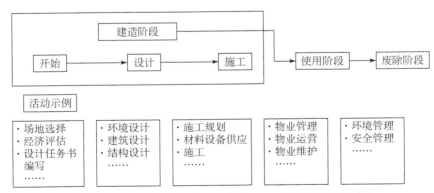

图4　国际标准化组织建筑业建设工程项目生命期划分[15]

三、遵循阶梯式发展规律实施工程活动

（一）打牢基础，逐级前进

阶梯式发展论是唯物辩证法所揭示的量变与质变规律的体现，客观事物的发展要跃升至一个新的台阶，都有一个量的积累过程。这就要求我们扎扎实实地进行实践活动，并在实践过程中不断进行量的积累，直到打牢基础，才能逐级前进。

基础的原始本意是指建筑底部与地基接触的承重构件，它的作用是把建筑上部的荷载传给地基。工程活动中的基础是指工程结构物地面以下的构件，用来将上部结构荷载传给地基，是房屋、桥梁、码头及其他地面上建筑物的承载基础[16]。因此，对于工程活动来说，地基必须坚固、稳定而可靠。只有打牢基础，才能逐级而上，否则就会成为沙滩上建造起的"空中楼阁"。

常言道，"九层之台，起于垒土；千里之行，始于足下"。无产阶级革命家徐特立同志有这样一段名言："台阶是一层一层筑起的，目前现实是未来理想的基础，只想将来，不从近处现实着手，就没有基础，就会流于幻想[17]。"这都说明要注重打好基础，把根基打牢的重要性。

从本文中的几个案例可以看出，实施工程活动的第一项任务就是打基础。例如，中国载人航天工程自 1992 年实施到 2013 年"天宫一号"与"神舟十号"载人飞行任务圆满完成，进一步巩固了我国空间交会对接技术。这不是一步实现的，而是在经历了 20 多年的打牢基础上实现的。整个航天工程包括了航天员系统、载人飞船系统、发射场系统、航天测控与通信系统等众多的基础系统，每个基础系统里又有更基础的系统，如载人飞船系统又有结构与机构分系统、制导导航与控制分系统、热控分系统、环境控制与生命保障系统、推进分系统、测控与通信分系统等更基础的系统。这些系统很多也不是从 1992 年开始研究、打基础的，而是更早地就进行了基础研究。如果没有这些基础，我国的航天工程就不会这样快的一个台阶一个台阶向前迈进，也就不会有今天这样大的成绩；如果今天这些基础不牢，也就不会有以后的发展。这更加说明基础打得越牢，事情就越能一个台阶一个台阶地向前发展，否则就会是"基础不牢，地动山摇"，更不用说是拾阶而上。这样的例子在工程活动中也不少见，特别是一些建筑工程中的倒塌事件的出现，其根本原因就是基础不牢。

（二）把握时机，适时加速

阶梯式发展论认为，客观事物发展运动过程中，总体上遵循台阶式前进与发展的规律，发展阶段需要遵守，一般情况下不可跨越。同时，阶梯式发展论还认为，阶梯式发展并不是说任何事物都必须一个台阶一个台阶地向前发展，阶梯式发展可以在打牢基础的情况下，通过创造一定的条件促进时机成熟，来加速事物发展。

俄国十月革命是在经济社会相对落后的俄国单独取得了革命胜利后，建立了由马克思主义政党领导的第一个社会主义国家——苏维埃俄国。这与马克思、恩格斯原来设想的社会主义革命爆发在资本主义高度发达的英法等资本主义国家是不一致的。这是为什么呢？其原因是虽然当时俄国的经济社会相对落后，但是革命实际的成熟并不完全是由这一个条件决定的。在革命的各方面条件具备后，不是等待任其发展，而是要把握好时机，积极创造条件，提前进行革命，从而加速了革命进程。我国一些少数民族地区由原始社会末期或奴隶社会一步进入社会主义社会的初级阶段，也是由于有强大的社会主义祖国作后盾与支持，在这些地区做了充分准备工作后，抓住时机，加速了这些地区社会主义制度的建立，进而实现了跨越式发展。

在工程活动中，也可以把握好时机，加速工程活动的进程，从而提前实现预期目标。人民大会堂从 1958 年 10 月动工到 1959 年 9 月建成，仅用了 10 个多月的时间，是中国建筑史上的一大创举。人民大会堂的建设从 1956 年起酝酿，再到 1958 年专门去莫斯科考察有关建筑，再到 7 次反复设计、修改，是在一步一个台阶的准备基础上决定兴建的。面对我国当时建筑业落后的局面，在建设过程中无论设计者还是施工者，都积极地创造条件，克服大量困难，加速了工程的进度，终于实现了向新中国成立 10 周年献礼。

（三）总结经验，积蓄力量

总结经验是马克思主义认识论的基本要求。经验是人的一种意识，是对客观世界的反应。阶梯式发展理论认为，物质运动和认识运动的每一个台阶内部并不是"平滑"的，还会有小台阶和一些波动。这就要求我们要及时发现问题、查找不足、不断总结经验。后人总是在不断总结前人经验的基础上一步一个台阶地向前发展的。人们总结出来的经验既有正确的经验，也有错误的经验。正确的经验是人对事物发展客观规律的认识，是继续前进的基础。任何一个成功经验的形成，总要经过一个实践过程；任何一个经验的再实践，自始至终都是一个新的认识过程，是一个一步一个台阶积蓄力量的过程。失败经验是人对事物发展客观规律的歪曲。失败是阶梯式发展论中所讲的波动或停滞，但是对失败进行经验总结，就可以避免以后错误的发生，从而能够一个台阶一个台阶的化失败为成功。

有个"厚积薄发"的成语，讲的就是只有准备充分才能办好事情。笔者认为，这个厚积薄发过程就是按照客观事物发展的客观规律总结经验，是一步一个台阶不断积蓄力量的过程，最终取得事物的成功。

抗日战争期间，国民党反动派不断掀起反共高潮，国统区一些轰轰烈烈的抗日救国运动屡遭挫折。针对这种情况，毛泽东及时总结经验，于 1940 年写给中共东南局的指示中提出"隐蔽精干，长期埋伏，积蓄力量，以待时机"的方针[18]。在这条通过血的实践总结出的经验指导下，国统区不仅保护了一大批民主革命人士，也为后来抗战的胜利积蓄了更大的抗战力量。

在"蛟龙号"载人深潜器工程开展的第一阶段，并不是按照预先设计一步到位地进行 3000m 级海试，而是先后组织开展 1000m 级海试工作，并在共完成 17 次下潜，其中 7 次穿越 2000m 深度、4 次突破 3000m，在验证了"蛟龙号"载人潜水器各项性能和功能指标、总结了各种经验之后才开始进行下一阶段工作。

这些例子都说明，总结经验不是为经验而经验，不是要搞经验主义，而是寻找事物发展的客观规律，为一个台阶一个台阶继续前进而积蓄力量。

（四）勇于探索，不断创新

探索和创新是人类特有的认识能力和实践能力，是人类主观能动性的高级表现形式，是推动人类进步和社会发展的不竭动力。阶梯式发展论认为，事物发展不能也不会永远停留在一个台阶水平上，必然要向更高的台阶攀升，而推动和加速事物向更高台阶攀升的最重要的动力因素，就是勇于探索、不断创新。

鲁迅先生说："第一个吃螃蟹的人是很令人佩服的，不是勇士谁敢吃它呢？像这种人我们应当极端感谢[19]"。胡锦涛同志在全国科技创新大会上曾经指出"创新是文明进步的不竭动力[20]"。历史表明，任何一个较重要的科学上的创造和发明，都是创造发明者勇于探索、不断创新的结果。

这些不仅是对前人探索精神的高度评价，同时也说明探索创新在事物的阶梯式发展过程中具有重要意义。所以在实际工作中，我们既要尊重前人的工作成果，又不能墨守成规，要善于发现问题，敢于提出问题，善于解决问题，不断地在探索和创新过程中把我们的工作推向前进。我国的载人航天工程、"蛟龙号"载人深潜器工程等就是勇于探索、不断创新很好的例证。

（朱训：全国政协原秘书长、地质矿产部原部长，中国自然辩证法研究会地学哲学委员会理长；梁磊宁：全国政协委员；雷新华：中国地质大学（北京）教授）

参 考 文 献

[1] 朱训. 找矿哲学概论. 北京：地质出版社，1992.
[2] 朱训. 阶梯式发展是物质世界运动和人类认识运动重要形式. 自然辩证法研究，2012，（12）：1-8.
[3] 朱训. 阶梯式发展是实现科学发展的重要形式. 人民政协报，2012-05-08. http://www.qstheory.cn/zz/zgtsshzyll/201305/t20130508_228666.htm［2013-10-22］.

［4］ 胡峰，陈长贵，孙国基，等．工程决策支持系统的概念性研究//2000 年航天测控技术研讨会论文集．中国宇航学会飞行器测控专业委员会，2000：67-72.

［5］ 许凯．工程设计的伦理审视．成都：西南交通大学硕士学位论文，2007.

［6］ 何有兴，付敏杰．工程实施阶段项目管理．科技广场，2011，（4）：207-211.

［7］ 秦权．我国的工程评估知识工程系统．智能建筑与城市信息，1995，（5）：19-21.

［8］ 朱训．朱训论文选：地学哲学卷．北京：地质出版社，2003.

［9］ 戚发轫．载人航天技术及其发展．中国工程科学，2000，（1）：1-6.

［10］ 中国载人航天工程网．载人航天发展战略．http：//www. cmse. gov. cn/ project/show. php？itemid＝443 ［2013-10-22］.

［11］ 王永志．实施我国载人空间站工程推动载人航天事业科学发展．载人航天，2011，17（1）：1-4.

［12］ 孙自法．中国"蛟龙号"载人潜水器海试突破 3700 米水深记录．http：// www. chinanews. com/gn/2010/08-26/2492930. shtml ［2013-10-22］.

［13］ 新浪网．蛟龙号 7000 米载人深潜．http：//tech. sina. com. cn/d/jiaolong7000/ ［2013-10-22］.

［14］《建设工程项目管理规范》编写委员会．建设工程项目管理规范实施手册．北京：中国建筑工业出版社，2002.

［15］ 刘家明，陈勇强，戚国胜．项目管理承包：PMC 理论与实践．北京：人民邮电出版社，2005.

［16］ 叶志明．土木工程概论．北京：高等教育出版社，2009.

［17］ 中国青年出版社．革命前辈谈修养．北京：中国青年出版社，1980.

［18］ 中国共产党新闻网．党史：1940-1949. http：//dangshi. people. com. cn/GB/242358/242767/17735513. html ［2013-10-22］.

［19］ 鲁迅．集外集拾遗．北京：人民文学出版社，2005.

［20］ 孙秀艳．全国科技创新大会在京举行．人民日报，2012-07-08（01）. http：// paper. people. com. cn/rmrb/html/2012-07/08/nw. D110000renmrb＿ 20120708 ＿ 2-01. htm？div＝-1 ［2013-10-22］.

阶梯式发展是中国经济发展态势的基本特征

朱　训

摘要：笔者指出，阶梯式发展是物质世界运动和人类认识运动的重要形式，遵循阶梯式发展规律指导中国经济建设是党的一贯方针。在这一方针的指导下，社会主义建设过渡阶段中中国经济迈上了第一个大台阶；全面开展社会主义建设阶段中中国经济再上新台阶；社会主义建设改革开放阶段中中国经济不断跃上新台阶。这是中国经济发展态势的基本特征。

关键词：阶梯式发展；经济发展态势；基本特征

阶梯式发展论认为，发展的客观规律总体上是分阶段地循序渐进的，在一般情况下阶段是不能跨越的。但是，每一个阶段的时间跨度可以通过改革创新来加以缩短，也不排除在大的历史阶段内部，在具备一定客观条件的情况下实现局部跨越式发展。正如十三大所指出的，在现代中国的历史条件下，中国人民可以不经过资本主义充分发达阶段而走上社会主义道路，但商品经济的充分发展阶段是不可逾越的，因为它是实现生产社会化、现代化必不可少的基本条件。

唯物辩证法认为，宇宙万物都处于永恒的运动、变化和发展之中。而客观事物的运动、变化和发展又有其自身的客观规律。正确认识与遵循事物发展的客观规律，对于成功指导实践行动具有重要意义。新中国成立以来，通过 12 个以"五年计划""五年规划"为标志的小台阶来推进我国经济发展的历程表明，阶梯式发展是中国经济发展态势的基本特征。中国经济实现了历史性的腾飞，与坚持遵循阶梯式发展规律指导经济建设是分不开的。

一、阶梯式发展是物质世界运动和人类认识运动的重要形式

阶梯式发展是指客观事物随时间由一个台阶跃进到另一个台阶的发展，是客观物质世界运动的重要形式，也是人类主观认识运动的重要形式，是在自然界、人类社会和人们日常生活中广为常见的一种现象。例如，自然界中生命由低级到高级的演化、人类社会形态的发展与更替、经济活动中的阶梯气价、阶梯水价、阶梯电价，以及日常生活中的上下楼梯等都是阶梯式发展的典型范例。

　　阶梯式发展的基本特征是前进性与曲折性的统一。此点与马克思主义经典著作中论及的"螺旋式上升"和"波浪式前进"两种发展形式特点是一致的。但是阶梯式发展与"螺旋式上升"和"波浪式前进"这两种事物发展形式的重要区别是阶梯式发展总体上没有"波浪式前进"发展形式中系列出现的"波峰"与"波谷"之分，而只是在台阶内部可能出现有一些波动；也没有"螺旋式上升"发展形式中那种"前进式上升"与"复归式上升"之分。

　　阶梯式发展论认为，发展是一个过程，是一个由量变到质变的过程。过程是由相互衔接而又具有不同质的阶段组成。在每个阶段内部，通过量的积累引起质的变化而进入新的阶段。发展正是通过一个阶段一个阶段的量变到质变而跃进到一个又一个新的台阶来实现的。

　　阶梯式发展论还认为，发展的客观规律总体上是要分阶段地循序渐进的，在一般情况下阶段是不能跨越的。犹如中国共产党人的最终奋斗目标是实现共产主义，而要实现共产主义就要经过作为共产主义初级阶段的社会主义。今天中国的社会主义还处于十三大所分析与认定的社会主义初级阶段。我们党正是从这个实际出发分阶段地推进中国的社会主义现代化建设事业。但是，每一个阶段的时间跨度可以通过改革创新来加以缩短，也不排除在某个大的历史阶段内部在具备一定客观条件的情况下实现局部跨越式发展。

二、遵循阶梯式发展规律指导中国经济建设是党的一贯方针

　　1949 年 10 月 1 日，中华人民共和国成立，标志着我国的社会形态从半封建半殖民地社会迈上了新民主主义社会的台阶。中国人民的建设事业进入了一个新的发展时期。如何实现由新民主主义社会向社会主义社会过渡，是摆在党面前的新的历史任务。我们党深知在中华大地上建设社会主义，最终实现共产主义不是一蹴而就的事。它既是一项空前未有的伟大而又艰巨的任务，又是一个极其漫长而又曲折复杂的探索过程，有很多很多新的问题和未知因素，有待我们通过反复"实践、认识，再实践、再认识"才能获得正确的认识和科学的解决。就如同爬楼梯似的，分阶段地、一个台阶一个台阶地、阶梯式地向前推进。所以，遵循阶梯式发展规律客观上就成为我们党指导中国经济建设的一贯方针。新中国成立65 年来，历史清晰地表明，在社会主义建设过渡阶段、全面开展社会主义建设阶段和社会主义建设改革开放阶段 3 个大的历史阶段进程中，中国经济建设正是通过 12 个以"五年计划""五年规划"为标志的小阶段一个又一个台阶地向前推进，从而促成经济发展水平和整体经济实力登上 3 个大台阶。

三、社会主义建设过渡阶段中国经济迈上第一个大台阶

新中国成立初期，为了实现由新民主主义社会向社会主义社会过渡，经历了为期 6 年的过渡阶段。这 6 年又分作两个小的阶段。前 3 年即 1949～1952 年是为期 3 年的恢复国民经济阶段，后 3 年即 1953～1956 年重点是完成社会主义改造的阶段。

在党的领导下，通过全国人民的艰苦努力和团结奋斗，在西方对我国封锁并同时进行抗美援朝这种极其困难的情况下，顺利完成了恢复国民经济任务。到 1952 年年底，全国国内生产总值达 679 亿元。工农业总产值比 1949 年增长 77.5%，其中工业总产值增长 145%，农业总产值增长 48.5%。人民生活得到了改善，全国职工的平均工资提高 70% 左右，各地农民的收入一般增长 30% 以上。可以说这个时期，国家财政经济状况初步得到好转，成为新中国经济建设起步的良好平台。

1953～1956 年，在开始制定与实施国民经济和社会发展第一个五年计划（1953～1957 年）的同时，完成了对私营工商业和手工业的社会主义改造，实现了由新民主主义向社会主义的过渡，并在我国确立了社会主义制度。我国的社会形态自此迈上了社会主义的新台阶。这个时期的建设基本上是在没有现代工业和现代农业的基础上进行的。共兴建 900 多个大中型项目，其中包括苏联援建的 156 项重点工程。期间，不仅具有社会主义性质的国有经济和具有半社会主义性质的合作社经济在经济中占据了领导地位，我国经济水平也迈上了一个新台阶。1956 年全国国内生产总值达 1028 亿元，约为 1952 年的 1.51 倍，中国经济水平迈上了一个大台阶，为我国全面开展社会主义建设打下了一定的基础。

四、全面开展社会主义建设阶段中国经济再上新台阶

1956 年 9 月，中国共产党第八次全国代表大会在北京胜利召开。这次代表大会"分析了生产资料私有制的社会主义改造基本完成以后的形势，提出了全面开展社会主义建设的任务"（《邓小平文选》第三卷第 2 页）。自此，我国进入全面开展社会主义建设的历史时期。党的八大制定了全面开展社会主义建设的正确方针政策，此前毛泽东主席作了对建设社会主义有重要指导意义的《论十大关系》报告，由于缺乏实践经验，这个时期的发展在取得不少成就的同时也出现了一些波折。正如邓小平同志在党的十二大开幕词中所说"八大的路线是正确的。但

是，由于当时党对于全面建设社会主义的思想准备不足，八大提出的路线和许多正确意见没有能够在实践中坚持下去。八大以后，我们取得了社会建设的许多成就，同时也遭到了严重挫折"（《邓小平文选》第三卷第2页）。

1957～1978年这22年间，党和政府坚持按照5年一个小阶段制定与实施国民经济和社会发展计划来推进社会主义经济建设，并逐步形成一个定型的制度。这一时期，建成投产数以千计的大型建设项目，农业生产有了新的发展，大庆石油会战的成功结束了靠"洋油"过日子的历史，工业布局有了明显改善，沿海、沿江和内陆地区都形成了一批工业中心，城乡人民生活有了进一步改善。1978年，全国GDP总量达3624.1亿元，约为1956年1028亿元的3.52倍。中国经济水平和整体经济实力又迈上了一个新台阶，为改革开放后社会主义建设的大发展打下了很好的基础和实现飞跃的平台。

鉴于如何在中华大地上建设社会主义没有现成的经验，所以全面开展社会主义建设只能在探索中前进。由于主客观方面的一些原因，建设过程中"遭到了严重挫折"。就"阶梯式发展论"而论，在发展过程中的一个大的阶段内出现一些波折是正常现象。经过分析研究引发遭到严重挫折的原因则主要有两个方面。从客观方面讲，苏联撤回援华专家和三年困难时期带来的影响；从主观方面讲，除"十年文化大革命"带来的严重影响外，在指导方针上的急于求成、生产力发展水平低、商品经济不发达等客观条件不具备的情况下超越阶段、违背阶梯式发展的客观规律企求实现跨越式发展，也是一个重要原因。

五、社会主义建设改革开放阶段中国经济不断跃上新台阶

1978年，党的十一届三中全会通过拨乱反正，重新恢复了党的实事求是的思想路线，把党和国家的工作重心从以阶级斗争为纲转到以经济建设为中心的轨道上来，并作出实行改革开放的重大战略决策。我国社会主义经济建设开始进入一个大发展时期。这个阶段与继续通过以5年为一个阶段的国民经济和社会发展计划的制定与实施来推进社会主义建设，同时，还提出了以10年、20年、50年为期的几个大阶段的中长期的长远发展规划和奋斗目标。

1982年，党的十二大提出，要用20年时间使国内生产总值翻两番的奋斗目标。20年是从1981年到2000年，分为两个阶段：前10年打基础，后10年高速发展。

1987年4月30日和8月29日，邓小平同志在先后会见匈牙利工人社会党领导人和意大利共产党领导人期间，从国家经济实力和人民生活水平不断提高的角度提出"三步走"的发展战略。邓小平同志的"三步走"发展战略在肯定十二

大提出的用 20 年时间实现国民生产总值翻两番目标的同时，还提出到 21 世纪中叶使我国经济再上一个大台阶，达到世界中等发达国家水平。同年党的十三大把"三步走"发展战略写入报告之中作为党的中长期奋斗目标。十三大报告明确指出"我国经济建设的战略部署大体分三步走。第一步，实现国民生产总值比 1980 年翻一番，解决人民的温饱问题。这个任务已经基本实现。第二步，到 20 世纪末，使国民生产总值再增长 1 倍，人民生活达到小康水平。第三步，到 21 世纪中叶，人均国民生产总值达到中等发达国家水平，人民生活比较富裕，基本实现现代化。然后，在这个基础上继续前进"。可以说"三步走"发展战略是一个典型的阶梯式发展的实例。党的十四大、十五大在报告中继续提出按照"三步走"发展战略推进社会主义建设，成功实施了"六五""七五""八五"和"九五" 4 个五年计划。2000 年，中国经济又跃上了一个大台阶。全国 GDP 总量达到 99214.6 亿元，约为 1980 年的 4545.6 亿元的 21.8 倍，人民生活水平达到了小康水平，城镇居民收入和农村居民可支配收入分别达到 6280 元和 2253 元，分别约为 1980 年的 477.6 元和 191.3 元的 13.1 倍和 11.7 倍，大大超过了预定翻两番的目标要求。这是中国经济建设的奇迹，是社会主义制度的伟大胜利，是中华民族发展史上的一个新的里程碑。

进入 21 世纪之后，党中央按照十六大的部署，继续按"三步走"发展战略中的第三步目标推进社会主义现代化建设，人民生活从温饱发展到总体小康，政治建设、文化建设、社会建设都取得了举世瞩目的辉煌成就，生态文明建设提上了议事日程，社会主义现代化建设取得了新的辉煌成就。

2012 年 11 月 8 日，胡锦涛同志在党的十八大报告中总结十六大以来社会主义建设成就时说，"十年来，我们取得一系列新的历史性成就，为全面建成小康社会打下了坚实基础。我国经济总量从世界第六位跃升到第二位，社会生产力、经济实力、科技实力迈上一个大台阶，人民生活水平、居民收入水平、社会保障水平迈上一个大台阶，综合国力、国际竞争力、国际影响力迈上一个大台阶，国家面貌发生新的历史性变化"。这一系列的历史性变化清晰地呈现了阶梯式发展的特点。

党的十八大为继续推进社会主义现代化建设，实现"三步走"发展战略中的第三步目标，提出到中国共产党成立 100 年时全面建成小康社会，实现国内生产总值和城乡居民人均收入比 2010 年再翻一番。

习近平同志就任总书记之后，继续坚持实施"三步走"发展战略来推进中国特色社会主义建设。他于 2012 年 11 月 29 日在参观大型展览《复兴之路》时向全党、全国各族人民发出一个振奋人心、凝聚力量的号召"实现中华民族伟大复兴，就是中华民族近代以来最伟大的梦想"，并明确按"两个百年"两个大的阶段来推进中国特色社会主义建设事业。到 2021 年建党 100 年时，实现十八大提出的全面建成小康社会，国内生产总值和城乡居民收入比 2010 年再翻一番的奋斗目标；到新中国成立 100 年时，建成富强、民主、文明和谐的社会主义现代化国家，实现中华民族伟大复兴的中国梦。自此，中国特色社会主义建设事业进入了一个为实现"中国梦"而奋斗的新的历史发展阶段。现在以习近平同志为总书记的新一届中央领导集体正满怀信心地带领全党、全国各族人民为实现"中国梦"而奋斗。

纵观 1949 年以来的中国经济建设，尽管在不同时期面临着不同的新情况和新任务，发展的过程和解决的矛盾也不尽相同，但是无论哪个时期，哪个阶段，我国的社会主义经济建设都是在一步一个台阶地呈阶梯式向前发展。中国经济呈阶梯式发展的基本特征在 2013 年 11 月 6 日人民日报第 11 版刊发的反映我国国内生产总值增长、城乡居民收入增加历程的直方图得到印证。

（朱训：全国政协原秘书长、原地质矿产部部长、中国自辩证法研究会地学哲学委员会理事长）

阶梯式发展是中国经济体制改革的重要特征

朱 训

摘要：笔者指出，1978 年党的十一届三中全会以来，中国经济体制改革经历了从"计划经济"转向"计划经济为主，市场调节为辅"的阶段；实行"在公有制基础上有计划的商品经济"；"计划与市场调节相结合"；"设立社胡注意市场经济体制"；"在社会主义条件下发展市场经济"，使市场"对资源配置起基础作用"；"经济体制改革核心问题是要处理好政府与市场的关系，使市场资源配置中起决定性作用和更好发挥政府作用" 6 个阶段。这种阶梯式发展就是中国经济体制改革的重要特征。

关键词：阶梯式发展；经济体制改革；重要特征

阶梯式发展是指客观事物随时间从一个台阶跃进到另一个台阶的发展，是在自然界、人类社会和人们日常生活中广为常见的一种发展方式。

阶梯式发展论认为，发展是一个过程，过程是由紧密相连而又具有不同质的几个或若干个阶段组成的。发展就是通过一个阶段一个阶段地"实践、认识、再实践、再认识"而迈上一个又一个新的台阶。

自 1978 年党的十一届三中全会以来，中国经济体制改革发展历程，也正是经历了几个时间跨度不等的大的阶段的"实践、认识、再实践、再认识"从一个台阶迈上了一个又一个新的台阶。

党的十一届三中全会到党的十一届六中全会为经济体制改革的第一阶段，是从大一统的"计划经济"转向"计划经济为主，市场调节为辅"的阶段。新中国成立后，我国实行的是计划经济体制。这种体制虽能集中力量办大事，社会主义经济建设也取得了很大的成绩，但由于高度集中的计划经济体制管得过死，企业缺乏活力，严重的束缚了社会生产力的发展。党的十一届三中全会作出改革开放的重大决策，提出要让地方和工农业企业在经营领域方面在国家统一计划指导下，有更多的经营自主权。这实际上是打开了大一统的计划经济体制的一个缺口，开始启动市场机制在经济活动中的作用，商品经济开始活跃，市场作用逐步显现，改革取得初步成效。正反两个方面的经验使人们认识到要使社会生产力有一个大发展，就必须突破完全排除市场机制的大一统的计划经济体制。于是在1981 年召开的党的十一届六中全会作出的《关于建国以来党的若干历史问题的决议》中首次提出了"计划经济为主，市场调节为辅"的方针，允许市场机制存在与发挥调节作用，为形成社会主义市场经济理论，推进经济体制改革开辟了道路。这个时期，除了对市场作用有了新的认识外，对非公有制经济的作用也有了新的认识。在经济所有制成分结构方面，开始由"一大二公"向含有民营与个体多元所有制经济结构发展。自此，我国经济体制改革自此上了第一个台阶。

党的十一届六中全会到十二届三中全会是经济体制改革的第二个阶段。十一届六中全会之后，市场地位的存在和调节作用的发挥，对我国社会生产力的发展起到了明显的促进作用。随着改革实践的深入和认识水平的提高，使人们对计划经济与商品经济的关系有了新的看法，不再把计划经济与商品经济对立起来。于是在1984年10月召开的党的十二届三中全会上通过了《中共中央关于经济体制改革的决定》。《决定》提出了"我国社会主义经济体制是在公有制基础上有计划的商品经济"的新概念。这是社会主义经济理论的重大突破。邓小平同志对此给予了高度评价，认为这是对什么是社会主义经济做出了新的解释，说出了马克思主义创始人没有说过的新话。十二届三中全会之后，我国经济体制改革重点开始由农村转向城市即转向整个经济领域。自此国有企业股份制改革起步，乡镇企业异军突起，"私营经济是社会主义公有制的补充"被载入《中华人民共和国宪法》。十二届三中全会决定把我国经济体制改革推上了第二个台阶。

党的十二届三中全会到十三大是经济体制改革的第三个阶段。十二届三中全会之后，经过3年的实践，随着经济体制改革的深入开展，人们对在我国应该建设什么样的经济体制的认识又向前迈进了一步。1987年党的十三大提出"我国社会主义有计划的商品经济体制应该是计划与市场内在统一的体制""计划和市场都应该是覆盖全社会的"。新的运行机制总体上来说应当是"国家调节市场，市场引导企业"的机制。稍后又提出"计划与市场调节相结合"。这些提法的演变说明人们对于市场机制在经济生活中的重要地位看得更加清楚，对计划与市场之间关系的认识越来越接近客观实际。自此，我国经济体制改革迈上了第三个台阶。

党的十三大到十四届三中全会是经济体制改革的第四个阶段。20世纪80年代后期，经济活动中市场调节的比重在一些领域已接近或超过了计划调节。这一时期，国际形势复杂多变，国内经济体制改革成就与困难并存。面对这一状况，社会上出现了姓"社"姓"资"的争论。为把改革继续推向前进，就要在思想观念上有新的重大突破。1992年，邓小平同志在南方谈话中提出，计划经济和市场经济都不是社会制度的属性。他说："计划多一点，还是市场多一点，不是社会主义与资本主义的本质区别。计划经济不等于社会主义，资本主义也有计划；市场经济不等资本主义，社会主义也有市场。计划和市场都是经济手段。"（《邓小平文选》第三卷第372页）。由于有关计划经济和市场经济的陈旧观念的破除，为形成社会主义市场经济理论奠定了坚实的基础。同年召开的党的十四大明确地提出"把建立社会主义市场经济体制作为我国经济体制改革的目标",并为社会主义市场经济体制构建了基本框架。1993 年,十四届三中全会根据十三大精神作出了《中共中央关于建立社会主义市场经济体制若干问题的决定》。《决定》的一个重要特点就是提出"市场要在国家宏观调控下对资源配置中起基础性作用"。自此,我国经济体制迈上了第四个台阶。

十四届三中全会后到十六届三中全会是经济体制改革的第五个阶段。这是我国经济体制改革迈上第五个大台阶的时期。这个阶段的改革一个重要特征是把社会主义基本经济制度和市场经济结合在一起加以推进。十五大提出"公有制实现形式可以而且应当多样化。一切反映社会化生产规律的经营方式和组织形式都可以大胆利用"。1997 年召开的党的十五大还强调"建设有中国特色的社会主义的经济,就是在社会主义条件下发展市场经济""坚持和完善社会主义市场经济体制,使市场在国家宏观调控下对资源配置起基础性作用"。关于基本经济制度结构方面,十五大强调"要继续调整与完善所有制结构,进一步解放和发展社会生产力是经济体制改革的重大任务"。十五大还指出:"非公有制经济是我国社会主义市场经济的重要组成部分""对个体、私营等非公有制经济要继续鼓励、引导使之健康发展"。这个时期不同所有制经济成分特别是民营经济得到空前发展。1999 年,在九届全国人大二次会议通过的宪法修正案中,将个体和民营经济的地位从公有制的补充上升为重要组成部分。期间,市场调节作用得到进一步发挥,社会商品零售市场、农产品收购市场和生产资料出厂环节中市场调节比重高达 80% ~ 90%。2002 年,党的十六大强调健全现代市场体系,加强和完善宏观调控,在更大程度上发挥市场在资源配置中的基础性作用。十六大强调要坚持与完善基本经济制度,必须毫不动摇地巩固和发展公有制经济,必须毫不动摇地鼓励、支持和引导非公有制经济发展,提倡各种所有制经济完全可以在市场经济中发挥各自优势,相互促进、共同发展。2003 年 10 月,党的十六届三中全会通过了《中共中央关于完善社会主义经济体制若干问题的决定》。《决定》的名称从十四届三中全会的市场经济体制的"建立"改变为"完善"。这不单纯是两个字之差,而是意味着整个经济体制改革将按照科学发展观的要求,在广度上和深度上同时向前推进。这个时期在涉及市场与政府关系问题上,还有一个重大的改变就是将以往的"五年计划"改为"五年规划"。从"计划"改为"规划"表明既要加强政府的宏观调控,又要进一步发挥市场机制作用。

十六届三中全会之后的 10 年是经济体制改革的第六个阶段。随着改革实践的推进与深化,我们党对中国特色社会主义制度应是什么样的制度,对中国社会主义经济体制应是什么样的经济制度又有了进一步的认识。党的十七大提出要继续坚持和完善公有制为主体,多种所有制经济共同发展的基本经济制度,坚持平等保护物权,形成各种所有制经济竞争、相互促进的新格局,提出以现代产权制度为基础，发展混合所有制经济，加快形成统一、开放、竞争有序的现代市场体系。党的十八届三中全会通过了《中共中央关于全面深化改革若干问题的决定》。《决定》把"完善和发展中国特色社会主义制度，推进国家治理体系和治理能力现代化"作为全面深化改革的总目标，并要求到 2020 年，在重要领域和关键环节上取得决定性成果，形成系统完备、科学规范、运行有效的制度体系，使各方面制度更加成熟、更加定型。这也是邓小平同志 1992 年南巡时在设计改革问题的讲话中提出的希望。他说："恐怕再有 30 年的时间，我们才会在各方面形成一套更加成熟、更加定型的制度"（《邓小平文选》第三卷第 372 页）。

十八届三中全会还决定把经济体制改革作为全面深化改革的重点。在经济体制改革方面，《决定》（《中共中央关于全面深化改革若干问题的决定》）在两个方面有了重大突破，一是市场作用方面，二是基本经济制度方面。《决定》指出："经济体制改革核心问题是要处理好政府与市场的关系，使市场在资源配置中起决定性作用和更好发挥政府作用"。并指出建立统一开放、竞争、有序的市场体系是使市场在资源配置中起决定作用的基础。关于市场作用问题从十四届三中全会提出的市场起"基础性"作用到十八届三中全会提出的市场在资源配置中起"决定性"作用。对市场作用从"基础性"到"决定性"的论断充分说明我们党坚持市场化改革的方向与决心。在基本经济制度方面，有两点特别值得注意，一是全会在《决定》中重申坚持公有制为主体，多种所有制经济共同发展的基本经济制度，是中国特色社会主义制度的重要支柱，也是社会主义市场经济体制的根基，但对非公有制经济的地位、作用有了进一步的认识。二是《决定》强调"公有制经济和非公有制经济都是社会主义市场经济的重要组成部分，都是经济社会发展的重要基础"。这里值得注意的是，《决定》不仅把非公有制经济和公有制经济看作是我国社会主义市场经济的重要组成部分，而且还把非公有制经济与公有制经济看作"是我国经济社会发展的重要基础"。对非公有制经济地位从"组成部分"到"重要基础"进一步提升，也说明我们党在推进经济体制改革中，在推进经济发展过程中十分重视发挥非公有制经济的重要作用。关于坚持和完善基本经济制度方面，《决定》还有一个重要的决策，就是"积极发展混合所有制经济""发展国有资本、集体资本、非公有制资本等交叉持股、相互融合的混合所有制经济""允许更多国有经济和其他所有制经济发展成为混合所有制经济"，并认为混合所有制经济是基本经济制度的重要实现形式，有利于国有资本放大功能，保值增值，有利于各种所有制资本取长补短、相互促进、共同发展。自此，十八届三中全会的决定标志着中国经济体制改革开始向新的更高的台阶迈进。

回顾自党的十一届三中全会以来的 35 年间，中国经济体制改革的发展历程，无论从对经济体制模式的选择上，还是对市场机制在经济体制中起什么作用的认识上和非公有制经济在基本经济制度结构中应处于什么样地位的认识上都是随着时间的推移，实践的深入，经过一个阶段一个阶段的实践、认识、再实践、再认识，而如同攀阶梯似地一步一个台阶似地逐步向前推进与发展。

　　（朱训：全国政协原秘书长、地质矿产部原部长、中国自然辩证法研究会地学哲学委员会理事长）

阶梯式发展视域下生态文明及其建设思考

黄　娟

摘要：阶梯式发展，是朱训同志提出的重要哲学思想，是事物发展的普遍规律和重要形式。生态文明及其建设体现出阶梯式发展特征，需要将其放在阶梯式发展视域下深入思考。本文提出了生态文明是人类文明阶梯式发展的新时代；分析了认识生态文明是一个阶梯式发展过程（从属地位—独立地位—主导地位），建设生态文明是一个阶梯式发展过程（生态小康—生态现代化—生态文明新时代）；探讨了阶梯式发展理论对生态文明建设的指导作用，既要看到对立更要强调和谐，既要循序渐进又要促进飞跃，既要坚定信念又要百折不挠，既要实事求是又要理论创新。

关键词：阶梯式发展；生态文明；生态小康；生态现代化；生态文明新时代

　　阶梯式发展理论，是朱训同志总结找矿经验提出的重要哲学思想。阶梯式发展是指物质运动和认识过程不是简单的直线上升式发展，发展具有阶梯性，是从一个台阶上升到更高台阶，各个台阶间的界限分明。人们可以创造主客观条件，缩短台阶间的距离，但在一般情况下，阶梯不可跨越。阶梯式发展是一个上升的、前进的运动过程，是曲折性与前进性的统一；其上升阶段之间都是质的飞跃，是一个量变到质变的过程；每个认识阶段都包含"实践、认识、再实践、再认识"循环上升过程。阶梯式发展是事物发展的普遍规律和重要形式，无论是自然运动，还是认识运动，以及社会运动，都具有阶梯式发展的特点。阶梯式发展理论丰富了马克思主义基本原理，也提供了认识和改造世界的一个新的工具[1]。大力推进生态文明建设是十八大部署的重大战略任务，认识与建设生态文明也具有鲜明的阶梯式发展特征。因此，用阶梯式发展理论认识生态文明及其建设，并指导生态文明认识与实践具有重要意义。

一、生态文明是人类文明阶梯式发展的新时代

　　世界是物质的，物质是运动的，时间与空间是物质运动的存在方式。任何事物的发展在时间上表现为阶段性，从纵向看是一个由低到高的上升过程；在空间上表现为台阶性，从横向看是一个由点到面的辐射过程，二者合称为阶梯性。用阶梯式发展理论审视人类文明发展史，人类经历了原始文明、农业文明、工业文

明，目前正在开创生态文明。在人与自然关系问题上，不同文明具有不同特点，原始文明敬畏自然，农业文明依赖自然，工业文明征服自然，生态文明保护自然，呈现出典型的阶梯式发展特征，而生态文明就是人类文明阶梯式发展的结果，中华民族有望成为生态文明引领者。

1. 敬畏、依赖自然的时代

人类文明发展的早期阶段，包括了原始文明和农业文明时代，是一个人类相对弱势、自然相对强势，因而人与自然相对和谐的文明时代。在原始文明时代，人类的生存主要依靠采集和渔猎，对自然的开发和利用十分有限，只能直接利用自然物质作为生活资料，也无法抵抗各种自然力量的肆虐。正如马克思所言，人与自然的关系完全像动物同自然的关系一样，人们就像牲畜一样慑服于自然界。人类文明由原始文明进入农业文明，农耕和畜牧是主要生产活动，人类不再完全依赖自然界提供的现成食物，而是通过种植一些植物和养殖一些动物来谋生。这时候的物质生产活动，基本上是利用和强化自然过程，但对自然没有根本的变革和改造。农业文明形成了尊重自然、天人合一的思想，人类和自然处于一种原始平衡状态，这在长期处于农业社会的中国表现尤为充分。农业文明虽然较好保持了生态平衡，但这是一种在生产水平低下的平衡，不是人们满意的更不是人们追求的理想境界。虽然历史上不乏回到农耕文明的声音，但显然没有哪个国家，也不是多数人民乐意回到那样的时代。

2. 改造、征服自然的时代

人类文明发展的第二个阶梯——工业文明时代是一个人类强势自然弱势的时代，即人类对自然掠夺和征服的时代。工业文明的出现使人和自然的关系发生了根本性改变，人类开始征服自然并成为自然主人的时代。工业文明广泛采用机器从事生产，机器成为工业物质文明的核心。生产的机械化带来了思维方式的机械化，进而带来了自然观、社会观、历史观和价值观的机械化。农业生产只是引起自然界自身的变化，其产品是在自然状态下也会出现的生物体；工业生产则引起自然界本身不会出现的变化，其产品是在自然状态下不可能出现的、人工制成的产品。如果说农业文明时代，人类力求顺从自然、适应自然，人和自然相互协调，那么工业文明时代，人类将自己当作自然的征服者，将自然当做可以无穷索取的原料库和无限容纳工业废弃物的垃圾箱，完全遗忘了自然界对人类的根源性、独立性和制约性。工业文明给人类带来巨大物质财富的同时，却带来了严重的资源环境问题，使人类陷入史无前例的生存危机[2]。

3. 尊重、保护自然的时代

这是人类文明发展的新阶梯，是人与自然和谐相处的新时代。20 世纪 50 年代前后，西方国家相继发生了英国伦敦烟雾、日本水俣病等八大公害事件。面对生存危机，人类不会坐以待毙。自20世纪60年代以来，人类开始了反思工业文明、探索生态文明的历程。1962年，《寂静的春天》在美国问世，标志着人类首次关注环境问题，强烈震撼了社会广大民众。1972年，联合国召开了人类环境会议，通过了《人类环境宣言》，成为人类环境保护工作的历史转折点。1973年，联合国大会决定成立联合国环境规划署，负责处理联合国在环境方面的日常事务工作。1987年，世界环境和发展委员会发表"我们共同的未来"这一报告，提出了可持续发展的概念及其相关问题。1992年，联合国在里约热内卢召开环境与发展大会，"环境与发展"成为世界环境保护工作的主题，可持续发展的成为国际社会共识。2002年，联合国在约翰内斯堡召开地球峰会，促进了国际社会将可持续发展的承诺转化为行动。2012年，联合国在巴西里约热内卢召开可持续发展大会，积极推动绿色经济在可持续发展和消除贫困方面的作用，以及可持续发展的体制框架建设。中国不仅积极参与这些国际活动，作出实施可持续发展战略的国际承诺，而且率先提出建设生态文明，实施生态文明发展战略。这些探索深刻表明，人类决心走可持续发展的生态文明之路，生态文明成为人类文明阶梯式发展的结果。

4. 中华民族有望成为生态文明引领者

从纵向看生态文明，它是人类文明阶梯式发展的新时代；从横向看，中华民族有望成为生态文明新时代的引领者。人类文明阶梯式发展从来不是均衡的，而是在一个由点到面的阶梯式发展过程。科学社会主义从理论到实践，不是所有国家一起完成的，而是在第一次世界大战中诞生了第一个社会主义国家——苏联，第二次世界大战后涌现出一批社会主义国家，最终形成了与资本主义阵营相抗衡的社会主义阵营。中华民族是农业文明的成功者，但工业文明的领先者是西方国家，正是在其成功的引领下，几乎所有国家都进入到工业文明进程中。作为人类文明阶梯式发展的最新阶段，生态文明同样不可能在全球同时实现。中华民族是工业文明的落伍者，今天有望成为生态文明的引领者。因为西方国家较早采取了环保措施，加上推行生态殖民主义与帝国主义，其国内生态环境得以不断改善，故其丧失了引领生态文明建设的强烈动机；工业文明生产方式、生活方式和思维方式的强大惯性，使这些国家难以挣脱传统工业文明发展道路的束缚；资本追求利润的天性与生态文明的根本冲突，决定了资本主义不可能引领全球实现生态文明。反之，中华民族发展已经到了最危险时刻，经济社会发展面临越来越强大的资源环境约束，生态世情、国情、民情都不允许继续走传统工业文明的发展道路，而必须走出一条生态良好、生产发展、生活幸福的生态文明发展道路。正是在这样的背景下，中华民族率先提出生态文明建设，作出实施生态文明发展战略决策，使中华民族成为了全球生态文明的领先者。当然，要推动生态文明阶梯式发展，为人类文明发展做出绿色贡献，引领全球走向生态文明新时代，中华民族必须正确认识与建设生态文明。

二、我国认识生态文明是一个阶梯式发展的过程

建设生态文明首先要认识生态文明，而人类认识生态文明经历了不同发展阶段，西方国家如此，我国也不例外。例如，认识生态文明的地位上，党和国家先后经历了 3 个不同阶段：生态文明是经济建设中的一个问题、生态文明是"五位一体"的一大领域、生态文明建设融入到四大建设中，从开始的从属地位，到后来的独立地位，再到今天的主导地位，呈现出鲜明的阶梯式发展特征。

1. 从属地位阶段

这是认识生态文明地位的第一个阶段，生态文明处于经济建设的从属地位。改革开放以来，我国生态环境问题不断加重，成为影响经济发展的一个要素，我们党自觉将生态环境问题上升为经济建设问题。十二大报告在促进经济全面高涨部分指出，"当前能源和交通的紧张是制约我国经济发展的一个重要因素""我们要保证国民经济以一定的速度向前发展，必须加强能源开发，大力节约能源消耗"，在农业生产部分提出要"保持生态平衡"。十三大报告在经济发展战略部分指出，"人口控制、环境保护和生态平衡是关系经济和社会发展全局的重要问题""在推进经济建设的同时，要大力保护和合理利用各种自然资源，努力开展对环境污染的综合治理，加强生态环境的保护，把经济效益、社会效益和环境效益很好地结合起来。"十四大报告在调整优化产业结构部分提出，"高度重视节约能源和原材料，提高资源利用效率。"在改革和建设的十大任务中提出，"不断改善人民生活，严格控制人口增长，加强环境保护。"十五大报告指出，我国前进道路上面临的矛盾和困难之一，是"人口增长、经济发展给资源和环境带来巨大的压力"。因此，在经济发展部分明确指出，"我国是人口众多、资源相对不足的国家，在现代化建设中必须实施可持续发展战略"，并对可持续发展战略提出了具体要求。十六大报告指出，当前我国"生态环境、自然资源和经济社会发展的矛盾日益突出"，在经济建设中我们要走新型工业化道路，大力实施可持续发展战略，并针对新型工业化道路是什么，如何实施可持续发展战略提出了具体要求。十七大报告指出，"经济增长的资源环境代价过大"是我国前进道路上面临的首要问题，我们必须"建设生态文明，基本形成节约能源资源和保护生态环境的产业结构、增长方式和消费模式""促进循环经济大力发展"。在促进国民经济又好又快发展部分提出，"加强能源资源节约和生态环境保护，增强可持续发展能力""必须把建设资源节约型、环境友好型社会放在工业化、现代化发展战略的突出位置，落实到每个单位、每个家庭"。从十二大到十七大，尽管表

述有所不同，但在很长时期内，我们一直将生态环境、生态文明作为经济建设问题，从而使生态文明长期处于一个从属地位。

2. 独立地位阶段

这是认识生态文明地位的第二个阶段，将生态文明建设与经济建设等四大建设并列，由从属地位上升为独立地位。十六大报告首次提出全面建设小康社会的概念，从经济、政治、文化，以及可持续发展能力方面提出了新要求。其中，"可持续发展能力不断增强，生态环境得到改善，资源利用效率显著提高，促进人与自然的和谐，推动整个社会走上生产发展、生活富裕、生态良好的文明发展道路"。十七大报告首次提出建设生态文明，从经济、政治、文化、社会、生态方面对全面建设小康社会提出了新要求，将建设生态文明确立为一大奋斗目标。其中，"建设生态文明，基本形成节约能源资源和保护生态环境的产业结构、增长方式、消费模式。循环经济形成较大规模，可再生能源比重显著上升。主要污染物排放得到有效控制，生态环境质量明显改善。生态文明观念在全社会牢固树立。"十八大报告提出了全面建成小康社会新概念，对经济、政治、文化、社会、生态方面提出了"更高要求"。其中之一，就是"资源节约型、环境友好型社会建设取得重大进展。主体功能区布局基本形成，资源循环利用体系初步建立。单位国内生产总值能源消耗和二氧化碳排放大幅下降，主要污染物排放总量显著减少。森林覆盖率提高，生态系统稳定性增强，人居环境明显改善。"而且报告首次提出中国特色社会主义现代化"五位一体"的总布局。建设生态文明不仅是全面建成小康社会的重要奋斗目标，也是中国特色社会主义现代化建设的一大奋斗目标。从十六大到十八大，虽然表述有不同，但对生态文明地位的认识，已经由从属地位上升为独立地位，由小康社会的一大目标成为现代化的重要组成部分。

3. 主导地位阶段

这是认识生态文明地位的一个新阶段。十八大报告的重大创新，是将生态文明建设上升到战略高度和时代高度，提出"把生态文明建设融入经济建设、政治建设、文化建设、社会建设各方面和全过程""推动形成人与自然和谐发展现代化建设新格局""我们一定要更加自觉地珍爱自然，更加积极地保护生态，努力走向社会主义生态文明新时代。"这就深刻表明，建设生态文明不再是单纯的节约资源和保护环境，不再是一个简单的经济建设问题，也不再是与其他四大建设并列的问题。建设生态文明，不仅是中国特色社会主义事业的重要组成部分，而且是中国特色社会主义事业的全面转变和深刻变革[3]。实现现代化是中国特色社会主义建设的目标，但我们一直对现代化与资源环境关系缺乏考虑，使现代化建设变成资源耗竭、环境污染、生态破坏的过程。面对现代化建设的生态制约，我们必须将生态文明融入现代化建设中，努力实现现代化建设的生态转型，将生态原则贯彻到经济现代化、政治现代化、文化现代化、社会现代化等领域，贯彻到科技现代化、教育现代化、管理现代化等方面，最终实现人的现代化的生态转型，确保现代化整体转向生态[4]。如李克强同志所言："我们要建设生态文明的现代化中国，走生态文明的现代化道路[5]"。十八大报告对生态文明地位的认识，已经上升到了一个前所未有的高度，由独立地位进一步上升到主导地位。由以上分析可知，生态文明的地位，从经济建设问题，到"五位一体"总布局，再到融入四大建设，体现了我们党对生态文明认识的阶梯式发展特征。

三、我国建设生态文明是一个阶梯式发展过程

认识生态文明是一个阶梯式发展过程，而且建设生态文明也是一个阶梯式发展过程，阶梯式发展是我国建设生态文明的重要方式。我国建设生态文明将经历3个重要阶段：到中国共产党成立100年时，我们要建成生态小康；到新中国成立100年时，我们要实现生态现代化；在此基础上，我们不仅走向生态文明新时代，而且走进生态文明新社会。

1. 建成生态小康

这是生态文明初级阶段的建设目标。生态小康是生态现代化的重要阶段，是生态现代化的阶段性目标。全面小康研究中心研究表明，由于政府对环境污染治理的重视，主要污染物总量减排持下降趋势，水环境和城市空气质量也有所改善，城乡绿化正稳步推进，中国生态小康指数逐年上升：2005 年为 56，2006～2007 年为 56.6，2008 年为 56.9，2009 年为 60.1，2010 年为 62.7，2011 年为 64.7，2012 年为 66.8[6]。在生态小康取得一些成绩的同时，我国生态小康的建成也面临严峻考验。《小康》杂志在全国范围内调查显示，2010～2013 年，"空气污染"已经连续 4 年排在"严重威胁公众的污染种类排行榜"首位，在"对公众影响最大的污染种类排行榜"中，排在第 1 位的也是空气污染，接下来依次是水污染、垃圾污染、噪声污染、土壤污染和光污染[7]。在未来几年内，我国人口将继续增长，经济总量将要翻两番，资源消耗、环境污染、生态破坏将成倍增加，全面建成小康社会时期将不得不面对经济社会发展与资源环境保护的激烈冲突。对此，李克强同志指出，我们要在 2020 年全面建成小康社会的最重要标志之一、也是最大的制约因素之一就是生态环境[8]。因此，我们必须高度重视生态文明建设，大力推进生态文明建设步伐，推动资源节约型环境友好型社会建设取得重大进展：资源循环利用体系初步建立，主要污染物排放总量显著减少，生态系统稳定性增强。只有到 2020 年基本实现生态小康，才能使我国到全面小康社会实现之时，"成为人民富裕程度普遍提高、生活质量明显改善、生态环境良好

的国家[9]。"

2. 实现生态现代化

这是生态文明中级阶段的建设目标，就是在生态小康基础上，实现生态现代化目标，实现人与自然和谐的美丽中国梦。生态现代化，既是现代化建设的一个重要领域，也是现代化建设的一大奋斗目标，更是整个现代化顺利实现的根本保障，没有生态现代化就没有整个现代化。根据《中国现代化报告2007》显示：中国第一次现代化实现程度为86%，排在世界108个国家的第55位。2004年，中国生态现代化水平指数为42分，在118个国家中排第100位，中国正处于生态现代化的起步期。同年，世界生态现代化排名前10位的国家依次是瑞士、瑞典、奥地利、丹麦、德国、法国、芬兰、英国、荷兰和意大利。瑞士等15个国家处于生态现代化的世界先进水平，西班牙等37个国家处于世界中等水平，巴西等40个国家属于初等水平，中国等26个国家属于世界较低水平。中国生态现代化的整体水平和多数指标水平有明显的国际差距，如中国自然资源消耗比例大约是日本、法国和韩国的100多倍；中国工业废物密度大约是德国的20倍、是意大利的18倍、是韩国和英国的12倍；中国城市空气污染程度大约是法国、加拿大和瑞典的7倍多，是美国、英国和澳大利亚的4倍多。我国现代化发展战略专家何传启指出，中国生态现代化的战略目标之一，就是在21世纪前50年达到生态现代化的世界中等水平，实现经济增长与环境退化的绝对脱钩，基本实现生态现代化，生态现代化水平进入世界前40名[10]。就目前来说，我国生态现代化现状与生态现代化目标还有很大距离，意味着我国生态现代化建设任务依然十分艰巨。

3. 走向生态文明新时代

我们要在生态小康、生态现代化基础上，最终走向生态文明新时代、进入生态文明新社会，这是我国生态文明高级阶段的奋斗目标。也就是十八大报告所说的，我们一定要更加自觉地珍爱自然，更加积极地保护生态，努力走向社会主义生态文明新时代。何传启指出，我们要在基本实现生态现代化基础上，在21世纪的后50年，实现经济与环境的互利耦合，达到生态现代化的世界先进水平，实现全面生态现代化，生态现代化水平进入世界前20名。届时，中国的天是蓝色的天，中国的水是清澈的水，中国的山是自然的山，不是桃源胜似桃源[10]。我们必须按照十八大的精神和要求，树立尊重自然、顺应自然、保护自然的生态文明理念，坚持节约资源和保护环境的基本国策，坚持节约优先、保护优先、自然恢复为主的方针，着力推进绿色发展、循环发展、低碳发展，形成节约资源和保护环境的空间格局、产业结构、生产方式、生活方式，重点做好优化国土空间开发格局，全面促进资源节约，加大生态环境保护力度，加强生态文明制度建设工作。我们要在实践生产发展、生活富裕、生态良好生态文明现行发展道路基础上，进一步探索一条生态良好（包括资源节约、环境友好、生态保护）、生产发展（包括生态经济、生态政治、生态文化）、生活幸福（包括物质幸福、精神幸福、生态幸福）的生态文明新型发展道路，最终实现人与自然、人与人、人与社会、人与自我和谐发展的社会主义生态文明社会。走向社会主义生态文明新时代，进入人类文明阶梯式发展的最新时代，既是我国生态文明建设的最终目标，也是中国特色社会主义建设的总体目标，中国特色社会主义必将是一个又红又绿、红绿相间的新型社会主义，是一个实现了自然主义–人道主义–共产主义三者统一的生态文明新社会。

四、用阶梯式发展理论指导生态文明建设

建成生态小康、实现生态现代化、走向生态文明新时代，不是一件一蹴而就的事情，而是一个阶梯式发展的过程。到 2020 年基本实现工业化，说明我国正处在工业文明中后期，需要尽快从工业文明过渡到生态文明，摆脱传统工业文明发展道路，走出一条中国特色生态文明发展道路[11]。阶梯式发展的重要价值，是提出了实现科学发展的重要途径，为我们提供了认识论和方法论指导。建设生态文明需要发挥阶梯式发展理论的指导作用，用阶梯式发展思路和办法解决生态文明建设中的实际问题，按照阶梯式发展规律推动生态文明实现阶梯式发展。

1. 既要看到对立，更要强调和谐

任何事物的发展都包含着许多矛盾，矛盾的对立与统一是事物发展的根本动力。建设生态文明必然面对诸多矛盾，包括生态文明与物质文明、生态文明与政治文明、生态文明与精神文明、生态文明与社会文明，生态保护与生产发展、生态良好与生活幸福，生态文明与农业文明、生态文明与工业文明，以及不同区域、城市与乡村、国内与国外、中央与地方、政府与市场等之间的矛盾。建设生态文明的本质是统筹人与自然的关系，而人必须要生产生活，生活首先需要生产，因此，人与自然的关系主要表现为生产与生态的关系。当前，生产与生态不和谐是我国生态文明建设的主要矛盾，经济增长的资源环境代价过大是我国面临的首要问题，人民日益增长的生态需要与落后的生态生产的矛盾是主要矛盾。建设生态文明首先必须抓住主要矛盾，正确认识并处理好生产与生态的关系。这就需要我们不仅看到生产与生态之间的对立，而且要看到生产与生态之间的和谐，主动积极形成节约资源和保护环境的产业结构、增长方式、生产方式，大力发展绿色经济、循环经济、低碳经济。在现实生活中，有些地区只看到生产与生态之间的对立，只要金山银山不要绿水青山，甚至为了金山银山牺牲绿水青山，结果陷入了难以持续发展的境地。在当今世界，生产与生态的和谐更为重要，浙江安

吉等地区实现了生产与生态的和谐发展，走上了既要金山银山也要绿水青山，保护绿水青山确保金山银山的生态文明发展道路。当然，我们也要认识和处理好生态文明建设中其他矛盾，尽可能促使这些矛盾实现协调与和谐发展。只有解决好生态文明建设中的主次矛盾，才能推动生态小康—生态现代化—生态文明新时代阶梯式发展。

2. 既要循序渐进，又要促进飞跃

阶梯式发展是量变与质变规律的体现，表现为阶梯内的渐变和阶梯间的突变。生态文明阶梯式发展采取量变和质变两种形式，是阶梯内渐进性和阶梯间突变性的统一，这就需要我们既要坚持循序渐进又要及时促成质变。任何事物发展都有一个量的积累过程，阶梯式发展是一个台阶到另一个台阶的过程，每个阶梯内是一个渐变的过程。因此，要实现生态小康—生态现代化—生态文明新时代的阶梯式发展，我们必须高度重视量变的积累，所谓千里之行始于足下，只有脚踏实地创造质变条件，才能促成生态文明从量变到质变的飞跃。生态文明阶梯式发展的不同阶段，可以适当缩短，但无法跳越，必须逐步完成。任何急于求成、拔苗助长的做法，必将事与愿违、适得其反，受到客观规律的惩罚，使生态文明事业遭受挫折和失败。同时，事物发展不能也不会永远停留在一个台阶水平上，必然要向更高的台阶攀升，即量变达到一定程度必然引起质变，质变是量变的必然结果。中国共产党已经自觉认识到，必须努力开创生态文明工作新局面，抓住历史机遇，促进生态文明建设从生态小康台阶，到生态现代化台阶，再到生态文明新时代台阶，最终实现中华民族占领生态文明高地。就当前而言，我们要按照非均衡发展理论，坚持有所为有所不为，集中人力物力财力，在具有良好发展条件的重点领域、重点产业、重点区域实现生态文明的重点突破。就区域而言，我们要积极推动生态省、生态市、生态县建设，星星之火可以燎原，我们要在绿色革命根据地的基础上，从工业文明时代进入生态文明新时代，从工业文明社会进入生态文明新社会，最终建立一个绿色的、美丽的新中国。

3. 既要坚定信念，又要百折不挠

阶梯式发展理论主张，事物发展是前进性和曲折性的统一。这就告诉我们，生态文明建设的前途是光明的，但生态文明建设的道路是曲折的，因此，我们必须坚定必胜信念又要接受考验。阶梯式发展理论指明了生态文明发展方向，它是一个从简单到复杂、从低级到高级的上升运动。生态文明是新生事物，克服了工业文明的消极因素，保留了工业文明的积极因素，还具备了工业文明所不能容纳的新的因素，其代替工业文明的必然性、社会主义生态文明的优越性、生态文明制度的不断完善性，使生态文明具有强大的生命力，其发展方向是前进的、上升的。我们应保持乐观主义精神，树立生态文明必胜信念，不为任何困难所压服，不为任何曲折所动摇，不为任何现象所迷惑，不为任何悲观论调所吓倒，要坚定

不渝地朝着生态文明的前进方向和奋斗目标不断努力。同时，生态文明的发展不是直线的，而是有强有弱、有消有长、有起有伏、有进有退的，是螺旋式上升或波浪式前进的。生态文明是新事物，工业文明是旧事物，生态文明对工业文明的否定，必定遭到工业文明及其既得利益者的强烈反抗。建设生态文明必将是一项长期的、艰巨的历史任务，必将是一个充满艰辛、曲折甚至挫折的过程，而绝不可能是一个一帆风顺的过程。因此，我们要善于洞察生态文明建设中的各种可能性，充分估计前进道路上的困难性、曲折性和复杂性，经受住各种困难和挫折的严峻考验，按照生态文明发展规律办事，争取尽量少走弯路，循着曲折发展的道路将生态文明推向前进。

4. 既要实事求是，又要理论创新

阶梯式发展理论认为，任何事物的认识都是一个"实践、认识、再实践、再认识"的循环上升过程。建设生态文明也是一个认识与实践的辩证统一，这就要求既要坚持实事求是，又要坚持理论创新。生态文明的认识，是从生态文明实践中产生，为生态文明实践服务，随生态文明实践发展，并受生态文明实践检验。我们要勇于实践、认真探索，必须从发展变化的实际出发，从特定的社会历史条件出发。当前要从社会主义初级阶段和生态文明初级阶段的实际出发，按照生态文明建设规律办事，坚决杜绝政绩工程、面子工程等。借鉴别人经验，但绝不能照搬别人模式，不同地区、不同行业、不同领域要积极探索各具特色的生态文明发展道路。在生态文明实践基础上，要不断反思，认真总结经验，及时发现问题，分析原因所在，寻找解决思路。每一次总结都将使对生态文明的认识上升到一个新的台阶。在继承前人的基础上，不断吸收新的经验和新的思想，形成生态文明新的认识和理论，使生态文明理论走在实践前面，从而有效指导生态文明实践活动。只有通过理论创新推动制度创新、科技创新、文化创新及其他各方面的创新，"只有在观念创新上先人一步、在体制创新上优人一着、在机制创新上高人一等、在科技创新上快人一拍"[11]才能推动我国生态文明实现阶梯式发展。总之，要不断研究生态文明的新情况、解决生态文明的新问题，用生态文明实践创新推动生态文明理论创新，用生态文明理论创新促进生态文明实践创新，实现理论创新与实践创新的最佳结合。

（黄娟：中国地质大学（武汉）教授）

参 考 文 献

[1] 朱训. 阶梯式发展是物质世界运动和人类认识运动的重要形式. 自然辩证法研究, 2012, (12): 1-8.

[2] 李红卫. 生态文明——人类文明发展的必由之路. 社会主义研究, 2004, (6): 114-116.

[3] 余谋昌. 生态文明：建设中国特色社会主义的道路——对十八大大力推进生态文明建设的战略思考. 桂海论丛, 2013, (1): 20-28.

［4］张云飞. 生态文明：中国现代化的生态之路. 理论视野，2008，104（10）：27-30.

［5］李克强. 建设一个生态文明的现代化中国. 资源与人居环境，2013，（1）：1-1.

［6］《小康》杂志中国全面小康研究中心. 中国生态小康指数逐年提升：2011～2012年中国生态小康指数：66.8. 小康，2012（5）：59.

［7］2013中国生态小康指数报告发布空气污染威胁依旧，大公网［2013-05-02］.

［8］李克强副总理在第七次全国环境保护大会上的讲话. 北京：环境保护，2012.

［9］胡锦涛. 高举中国特色社会主义伟大旗帜 为夺取全面建设小康社会新胜利而奋斗. 北京：人民出版社，2009.

［10］邓爱华. 走中国的生态现代化之路——访中国科学院中国现代化研究中心主任何传启. 科技潮，2008，（4）：34-37.

［11］邓水兰，温诒忠. 走生态文明发展之路 实施江西跨越式发展. 价格月刊，2007，（7）：33-35.

用阶梯式发展论指导矿产勘查

朱　训

摘要：遵循"实践、认识、再实践、再认识"的认识规律，我国 2002 年将矿产勘查划分为"预查、普查、详查、勘探"4 个阶段，这种阶梯式的推进，是基于矿产资源的赋存规律、矿产勘查的工作规律和人们对客观事物的认识规律。用这种阶梯式发展指导我国矿产勘查的实践，必须要遵循规律，认真实践，善于总结，勇于创新。

关键词：阶梯式发展；矿产勘查；原则要求

一、阶梯式发展论的提出

阶梯式发展是指客观事物随时间由一个台阶跃进到另一个台阶的发展。

阶梯式发展论认为，发展是一个过程，是一个由量变到质变的过程。过程是由相互衔接而又具有不同质的阶段组成。在每个阶段内部，通过量的积累而引起质的变化，进而进入新的阶段。发展正是通过不同一个阶段的量变到质变，而跃进到一个又一个新的台阶来实现的。

1991 年春，笔者在中央党校学习期间，运用马克思主义哲学基本原理总结矿产勘查工作活动规律的结果时，提出阶梯式发展这个理论观点的初始依据，它是对国内外矿产勘查过程活动规律的概括与提炼。

我国的矿产勘查过程划分为普查、详查、勘探 3 个既相互衔接又具有不同任务要求的阶段。它的发展形式是呈台阶式的，随着从普查、向详查、再向勘探的推进，勘查程度则一个台阶又一个台阶似地逐步深入，地质勘查人员对矿产地质情况的认识也如攀登阶梯似地一个台阶又一个台阶似地逐步提高。笔者也查阅了国外的相关资料，尽管不同国家矿产勘查工作过程阶段划分的繁简程度和各阶段命名不尽相同，对各阶段的任务要求也不尽一样，但共同的是，中外地质学家都把矿产勘查工作过程划分为不同阶段，并都循序渐进地按照一个阶段、一个台阶把矿产勘查工作向前推进。矿产勘查过程这种呈台阶式的发展特点与在马克思主义经典著作中论及的"螺旋式上升"和"波浪式前进"两种发展形式不尽相同，是一种客观存在但未被人们认识的新的发展方式。于是，笔者将矿产勘查活动中这种台阶式的发展方式命名为"阶梯式发展"，并写了一篇题为《阶梯式发展是矿产勘查过程中认识运动的主要形式》一文，先后在中央党校内部刊物和《自然辩证法研究》杂志上发表。不久，又作为一节被纳入到笔者的《找矿哲学概论》专著中，并于 1992 年公开出版。

经过 20 多年来的悉心观察与研究，发现这种阶梯式发展方式是自然界、人类社会和日常生活中广泛存在的一种客观现象。例如，自然界中的生命演化由低级到高级的发展；人类社会由原始社会经奴隶社会、封建社会、资本主义社会到社会主义社会的发展；人才成长从幼儿园到小学、中学、大学的发展；经济生活中的阶梯电价、阶梯水价、阶梯气价和人们生活中的上下楼梯等都是阶梯式发展的典型案例。于是，笔者提出一个具有更为广泛意义的理论观点，即"阶梯式发展是物质世界运动和人类认识运动的重要形式"（2012 年《自然辩证法研究》第12 期）。就矿产勘查工作而言，根据这个新观点，阶梯式发展既是矿产勘查过程中认识运动的主要形式，又是矿产勘查活动过程的客观规律。

二、阶梯式发展是矿产勘查活动过程的客观规律

唯物辩证法认为，宇宙万物都处于永恒的运动、变化和发展之中。而客观事物的运动、变化和发展又有其自身的客观规律。矿产勘查工作也不例外，也有其自身的客观规律。

矿产勘查工作是地质工作的重要组成部分。矿产勘查工作的目的在于发现与探明可供经济建设与社会发展所需的矿产资源，并提供相应的地质勘探报告，供设计建设矿山使用，以减少开发风险和获得最大的经济效益。

为了有效地推进矿产勘查工作，中外地质学家都将矿产勘查工作过程划分为几个性质不尽相同的阶段。例如，苏联将矿产勘查过程划分为初步普查、详细普查、初步勘探、详细勘探 4 个阶段。虽然市场经济国家划分不尽一致，但大体上将勘查工作划分为草根勘查、后期可行性研究、矿场勘查等几个阶段。国家质量监督检验检疫总局于 2002 年 8 月 28 日发布，2003 年 1 月 1 日开始实施的《固体矿产地质勘查规范总则》规定，我国将矿产勘查工作分为预查、普查、详查、勘探 4 个阶段。

中外地质学家将矿产勘查工作过程划分为几个阶段，并呈阶梯状来推进的主要原因有以下几点。

第一，从哲学观点看，对任何客观事物认识都要有一个过程。找矿哲学认识论认为，矿产勘查是人类变革自然的一项社会实践和能动的认识运动。找矿过程实际是地质勘查人员对地壳中客观存在的矿产进行认识的过程。也就是说，通过勘查工作主体的地质人员的主观能动作用，是能够正确反映并认识客观存在的地

下矿产资源的。但认识地下矿产资源情况和认识其他客观事物不是一蹴而就的，而是需要经过一个反复"实践、认识、再实践、再认识"犹如爬楼梯似的逐步前进的过程。

第二，从矿产资源的特点看，客观存在的地下矿产资源有一系列特点，其中有两个特点促使矿产勘查活动必须划分阶段进行。一是矿产资源的隐蔽性。矿产资源通常深埋地下，靠找矿人的感官一般难以进行直接观察，更不可能观测其全貌。即使所谓裸露在地表的露天矿，也只是它的小部分出露在地表，而大部分仍隐蔽在地下。二是矿产资源的差异性。由于不同时期，不同地区的成矿地质条件不尽一样，所以在世界各地形成的只有类似的矿床，而没有完全一样的矿床，不可能用完全一样的方式、手段进行勘查。由于矿产资源具有隐蔽性、差异性的特点，所以对地下矿产资源的认识不可能一次完成，需要逐步推进。

第三，从矿产勘查工作的探索性特点看，由于上述矿产资源具有隐蔽性和差异性的特点，矿产勘查活动具有很强的探索性。因为矿产深埋在地下，肉眼看不到全貌，即使是运用多种先进技术方法、手段来进行探测，也难以观测其全貌。所以要比较接近客观实际地认识矿产情况，就要经过一个漫长的、有时甚至是非常复杂的探索过程。

由于上述认识规律、地质规律、勘查工作规律的影响，阶梯式发展就必然成为矿产勘查活动过程的客观规律。

三、阶梯式发展在中国矿产勘查过程中的实践

回顾新中国成立 68 年来，矿产勘查工作阶段划分方法及阶段命名和每个阶段的任务要求曾有几种不同情况，但始终坚持按划分阶段循序渐进地推进勘查工作的这一原则没有变。目前，《固体矿产地质勘查规范总则》规定，固体矿产地质勘查工作活动过程分为预查、普查、详查、勘探 4 个阶段。固体矿产地质勘查工作活动过程的基本态势仍是呈阶梯式发展。这 4 个阶段的任务要求大致如下。

第一，预查是通过对某一较大地域空间范围内的地质资料进行综合研究、类比分析及初步野外观测和极少量的工程验证，初步了解工作区内不同地段的矿产资源远景，优选并提出可供普查的矿化潜力较大的地段，作为开展普查工作的候选对象，并为发展地区经济提供参考资料。

第二，普查是通过对经预查提供的矿化潜力较大地段开展地质、物探、化探工作及适量山地工程和钻探工程的取样工作，进行可行性评价的概略研究，对已知矿化区做出初步评价，对值得进行详查的地段圈出具体详查区范围，供进行详查参考，并为发展地区经济提供基础资料。

第三，详查是对经普查提供的详查区采用多种与成矿地质条件相应的勘查方法和手段，进行系统的勘查工作和取样，并通过预可行性研究，作出是否具有工业价值的评价，圈出值得进行勘探的地区范围，为勘探工作选择基地提供依据，并为制定矿山总体规划、项目建议书提供资料。

第四，勘探是对经详查阶段证实已知具有工业价值的矿区或经详查圈出的勘探区，通过应用多种适用的勘查手段和有效方法，加密各种采样工程及进行深入的可行性研究，对勘探区矿石的数量、质量、结构特点、资源远景、水文地质、工程地质、环境地质、开采技术条件作出与勘探要求相适应的评价。为矿山建设在确定矿山生产规模、产品方案、开采方式、开拓方案、矿石加工选冶工艺、矿山总体布置、矿山建设设计等方面提供依据。

矿产勘查这 4 个阶段相互之间既有联系，又有区别。4 个阶段的最终目标是一致的，而每个阶段的各自任务又是不相同的。预查阶段的目的任务是"选区"，选择可能具有找矿前景的地区作为普查阶段的候选后备基地。普查阶段的目的任务是"发现"，通过对预查提供的具有找矿前景的地区进行与普查阶段相适应的勘查工作，以求发现可能存在的目标矿产。详查阶段的目的任务是"评价"，就是对经普查阶段提供的详查地区中的目标矿产是否具有工业开发利用价值做出评价，为下一阶段的勘探工作提供后备基地。勘探阶段的目的任务是"探明"，也就是说，通过与勘探阶段相应的地质工作，具体探明经详查证实具有工业开发价值矿产地确切的地质情况，提供可供矿山设计建设所需的各种信息资料的地质勘探报告。

在上述 4 个阶段内部又各分为野外工作和室内工作两个小的阶段。野外工作期间主要是开展与各个阶段任务要求相适应的实地调查观察研究和工程取样工作。室内工作阶段则是对野外实地采集来的样品进行测试分析和对野外实地观测和收集到的第一手信息资料进行综合分析研究，从而提高地质人员对矿产情况的认识程度，提出开展下一阶段的矿产勘查工作设计方案，指导下一阶段的勘查工作实践。

矿产勘查工作正是按照这 4 个阶段循序渐进地一个阶段又一个阶段地"实践、认识、再实践、再认识"而完成任务的。

四、践行阶梯式发展论的原则要求

为了有效地运用阶梯式发展论指导矿产勘查，在实际工作中应注意以下几点原则要求。

1. 遵循规律，按阶梯式发展要求推进勘查

按国家规范划分的阶段循序渐进地推进勘查工作。国家发布的《固体矿产地质勘查规范总则》中对固体矿产勘查工作划分的 4 个阶段，客观地反映了矿产勘查工作的规律，应该遵照执行。国内外的勘查工作经验都证明其是有效的、正确的。《中国国土资源报》报道的豫西煤下铝勘查的成功，就是严格遵循预查、普查、详查等阶段逐步推进的结果。一般情况下，在实施具体项目的勘查工作过程中，阶段的时间跨度可以缩短，但阶段不能省略与跨越。当然，也有一种特殊情况，如地质勘查人员在野外发现一处露在地表的具有较大规模的矿体和质量很好的矿石，若一眼看上去就是很好的矿产地，当然可以不经过预查就直接进入普查，甚至通过足够量的普查工作而跨越详查直接进入勘探阶段。这种情况说明，跨越或省略阶段是要有条件的。

准确判定工作项目所处阶段的性质。鉴于预查、普查、详查、勘探 4 个阶段各自任务不尽相同，采用的方法手段和投入的工作量也不尽一样，所以必须准确地判断勘查项目工作阶段的性质，以确定需要采用的勘查技术方法手段和需要投入的工作量。若阶段性质判断不准，不仅不能收到预期效果，还可能造成时间和经济上的损失与浪费。

针对勘查项目所处工作阶段性质制订相应的设计方案。在对工作项目所处的阶段性质做出准确判断之后，就要编制一套与阶段性质任务要求相适应的科学的设计方案并付诸实施，以指导下一阶段的勘查实践。

2. 认真实践，力求收集真实丰富的地质资料

找矿哲学的认识论表明，认识来源于实践。客观存在的地下矿产情况可以被认识、被发现，但认识矿产与发现矿产要靠实践，靠扎扎实实的地质工作实践。在野外实地调查过程中，要发扬"三光荣"精神，克服种种困难，对各种地质现象尽可能详细地、反复地进行实地观察，对可能存在的找矿标志、找矿线索等各种信息进行搜集，对可能影响成矿的各种地质因素要进行详细地观察分析。利用与阶段任务要求相适应的勘查技术方法手段，采集足够量的地表和深部的样品等地质信息资料，供室内工作阶段进行深入综合分析研究，以求获得对勘查对象的客观情况的正确认识。近几年的找矿突破战略行动的实践证明，在包括青藏高原这样艰苦环境地区在内的全国范围内，发现一批一批的多种大型、特大型矿产地，这些矿产地的发现与广大地质工作者发扬"三光荣"精神进行认真实践、反复实践是分不开的。

3. 善于总结，实现对矿产认识上的飞跃

室内工作期间要对野外工作期间所获得的第一手地质资料，按照"去伪存真、去粗取精、由表及里、由此及彼"的原则进行加工处理和细致的综合分析研究，以求获得对矿产地质情况在认识上的飞跃。通过开展预查阶段工作，就是要实现由不知何处为找矿远景区到知道何处为具有找矿潜力的远景区的飞跃；通过开展普查阶段工作，就是要实现由不知该地是否有矿到发现有矿存在的飞跃；通过开展详查阶段工作，就是要实现由不知该矿是否具有工业开发价值到对矿产是否有工业价值的肯定评价的飞跃；通过开展勘探阶段工作，就是要从不确切知道矿床开发价值和详细地质情况到确切知道矿床具有开发价值和开发条件所需详细资料的飞跃。正是这样，通过一个阶段又一个阶段地推进矿产勘查工作，矿产勘查工作程度不断地加深，地质勘查人员对矿产地质情况的认识也随着实践的深入和勘查工作程度的加深，一个台阶又一个台阶似的逐步深化与提高。室内工作期间，通过综合整理和分析研究之后，根据所获得的新的认识，编写一份与本阶段性质相应的阶段性地质报告。报告不仅要对本阶段工作进行科学的总结，同时还要对下一阶段的工作提出指导性的建议方案，供下一阶段工作参考。

4. 勇于创新，在新的基础上进行新的实践

在矿产勘查工作过程中，特别是在分析研究前人工作成果的过程中，要正确处理好继承与发展的关系。在不同时间、背景条件下，由于主客观方面的种种因素、实践程度的不等、认识水平的高低、思维方式的不同，对同一个矿床的评价也可能不尽一致。所以，我们既要认真搜集研究前人资料，充分尊重与吸收前人研究成果中的合理部分，又不要拘泥于前人的已有结论。在野外工作期间，要勇于修正补充前人对某些地区地质现象的记录中分析不尽符合客观实际之处。在室内综合分析研究时，也不要受前人所做结论和已知成矿模式的影响，敢于运用新的思路、新的理论来研究分析问题。一切从实际出发，根据新的实践资料做出新的判断，并以得出的新的结论来指导下一阶段的勘查实践。近几年，在危机矿山和老矿山周边和深部找矿过程中所取得的一系列成就，正是广大地质工作者不拘泥于前人所做出的结论，正是不受前人所依据的成矿模式的影响，运用新思维、新思路、新理论进行探索的结果。

（朱训：全国政协原秘书长、原地质矿产部部长、中国自然辩证法研究会地学哲学委员会理事长）

用阶梯式发展论指导矿业城市转型

朱　训

摘要：矿业城市因矿而兴，然而矿产资源总有枯竭的一天，到那时矿业城市将面临一系列问题。如何避免矿竭城衰？转型，只有转型才有出路。笔者就如何合理划分矿城转型阶段、用阶梯式发展论指导矿业城市逐步推进转型发展，以及矿城如何处理好矿业和非矿产业的关系等提出了极具针对性和指导性的独到建议。

关键词：阶梯式发展；矿业城市；转型发展

矿业城市转型问题自 1997 年河南平顶山第一次矿业城市发展论坛面向全国矿业城市提出以来，在党中央、国务院的重视下，在全国矿业城市共同努力下，已取得了重要进展。为了进一步推进矿业城市转型工作，本文拟从阶梯式发展论这个角度就有关矿业城市转型问题谈点认识和意见。

阶梯式发展论的基本观点：阶梯式发展是指客观事物随时间从一个台阶跃进到另一个台阶的发展。阶梯式发展在空间上表现为台阶性，在时间上表现为阶段性。

阶梯式发展是广泛存在于自然界、人类社会和日常生活中的一种客观现象。例如，自然界由无机世界向有机世界的演化和从猿到人的进化；人类社会从原始社会、奴隶社会、封建社会、资本主义社会、再到社会主义和共产主义社会五种社会形态依次更替的社会发展；国家经济建设以"五年计划"或"五年规划"为一个阶段一个阶段地向前推进；人们日常生活中的上下楼梯、登山健儿以一个营地又一个营地的分阶段地向上攀登，还有阶梯式电价、阶梯式水价、阶梯式燃气价；等等。

阶梯式发展论不仅是客观物质世界运动和人类主观认识运动的重要形式，而且反映了人们的认识来源于实践的客观规律，以及认识对于指导实践的能动作用，从而也体现了存在决定意识和精神对物质反作用的辩证唯物主义的基本原理。

阶梯式发展论认为，发展不是直线型的前进运动，发展是前进性与曲折性相统一的运动，发展是不平衡的，不平衡是发展的普遍规律。

阶梯式发展论认为，发展是一个过程。过程是由紧密相连而又具有不同质的几个或若干个阶段组成的。发展则是通过一个阶段又一个阶段地"实践、认识、再实践、再认识"的量变和质变而迈上一个又一个新的台阶。

阶梯式发展论认为，客观事物的发展过程都是要划分阶段的。这就要对过程进行科学的阶段划分。而阶段的划分既要考虑阶段之间的联系，又要分清各个阶段之间质的区别。如果每个阶段时间跨度太大，未知因素就多，就不易制定有针对性的政策措施；如果阶段时间跨度太短，就可能耽搁时间，影响客观事物的发展。

阶梯式发展论认为，推进客观事物的发展既要有总体目标，又要有分阶段的具体任务要求，要准确地把握每一个阶段的性质，弄清每一个阶段的任务，在此基础上采取有针对性的方法、措施，一步一个台阶地推进客观事物的发展。阶梯式发展论认为，跨越式发展是客观物质世界运动的又一种形式，但相对阶梯式发展来说，是局部与整体、个别与一般的关系，是阶梯式发展的一部分。发展的客观规律总体上是要分阶段地循序渐进的，阶段可以通过创造各种主客观条件来缩短，但实现有限度的跨越是有条件的。例如，上楼梯时，若想一步跨上几级台阶，就需要身材高大、体力好。不顾主客观条件试图省略和跨越阶段的做法都会违背客观规律，在认识和实践中会出现盲目性和偏差，甚至会受到客观规律的惩罚。20世纪50年代，人们不顾现实条件，不切实际地跨越历史阶段，最终遭受严重挫折就是一个沉痛的教训。

阶梯式发展论还认为，阶梯式发展在方向上，可以是依次向上呈阶梯式发展的，就像上楼梯和航天工程那样；阶梯式发展在方向上，也可以是依次向下呈阶梯式发展的，就像"蛟龙号"探海工程和探索地球奥秘的深钻工程那样。两种阶梯式发展，都是在向前发展。

矿业城市转型是不可逆转的自然规律：

矿城的转型目标是建设成"矿竭城荣"的生态型城市。矿业城市是因勘查开发矿产资源而兴起和发展起来的城市，是历史的产物。矿产资源是不可再生的。采出一点，就少一点。矿业城市所拥有的资源总有一天会枯竭，这是不以人们的意志为转移的客观规律。为了避免"矿竭城衰"，就要调整产业结构，发展非矿产业，推进城市转型，以谋求"矿竭城荣"和可持续发展。认识到这个客观规律，我们就要遵循这个规律。矿业城市处于任何一个发展阶段都有一个面临或即将面临的转型问题，即使在城市发展处于成熟期甚至成长期时，也要未雨绸缪，思考一旦矿产资源枯竭，城市该如何持续发展。

就矿业城市的转型路径而言，按照阶梯式发展论的观点及矿业城市转型的进展情况，矿业城市转型过程可以划分为5个阶段，即单一矿业经济型城市—矿业经济主导型城市—多元经济型城市—综合经济型城市—文明和谐生态型城市。

第一阶段，为矿业城市发展的初始阶段。这时，矿业城市为单一矿业经济型城市。这类城市中的矿业在产业结构中的比重约占90%，其转型还未起步或刚刚开始起步。第二阶段，为矿业经济主导型城市。这类城市的转型正在进行，非矿产业有一定分量，矿业的比重在下降，但矿业经济在整个经济中的比重仍占60%或更多一些的主导地位。第三阶段，为多元经济型城市。这类城市已经形成几个与矿业产业平起平坐的非矿支柱产业，矿业经济在整个经济中的比重下降到30%以下。第四阶段，为综合经济型城市。这类城市中非矿产业已占绝对主导地位，矿业经济处于无关紧要的地位。而转型的最终目标，就是把矿业城市建设成为"矿竭城荣"的文明和谐生态型城市，这是矿业城市转型第五阶段的任务，也是党的十八大给我们提出的要求。

矿业城市转型，是一个复杂的过程。矿业城市转型之所以漫长而复杂，主要有两方面因素：一是寻找、发现与培育替代产业，用非矿产业替代矿业产业是一个相当长的过程；二是解决矿业城市历史遗留问题，诸如完成废石、废水、废气"三废"问题和塌陷区等地质灾害问题的治理、生态环境的恢复和棚户区改造等都非一日之功。由于这两方面因素的影响，矿业城市从矿业一统天下的单一矿业型城市，到矿业主导型城市，再到多元经济型城市、综合发展型城市和生态型城市，没有几十年甚至更长的时间是不可能的。

矿业城市转型的核心问题，是产业结构转型。由于矿业城市原有产业结构单一，在可采资源逐渐减少之后，城市经济就随之滑坡，从而带来一系列问题，所以要采取措施发展替代产业，优化产业结构，促进城市转型。产业结构转型既要调整矿业与非矿产业比例，提升非矿产业比重，又要优化第一、二、三产业的比例关系，大力发展第三产业。随着非矿产业量的积累，以及其在整个产业中所占比重增加到一定程度，矿业城市的性质就会发生质的改变，就会呈阶梯式，由一级台阶跃上另一级台阶。从哲学意义上讲，矿业城市转型过程也是从量变到质变的过程。

矿业城市发展非矿产业，要因地制宜。发展非矿产业既要积极发展现已存在的可能具有优势的非矿产业，努力将其做大做强，也要积极寻找、发现、培育新的具有发展前景的替代产业。例如，焦作市充分利用旅游资源发展旅游产业，2013 年旅游综合收入 233 亿元，相当于地区 GDP 的 13.6%。阜新市利用原有较好的农牧业基础，以及临近内蒙古自治区的地理优势，把皮革产业作为一个新兴替代产业，加以培育发展。据 2013 年 11 月 11 日《人民日报》报道，近 4 年来，阜新市大力开展皮革开发区建设。2012 年，开发区共生产 2000 万标张皮，实现销售收入 50 亿元，并规划未来建设发展成为世界一流、拥有 30 万人口、制革生产能力达到 3000 万标张皮、约有 342 亿元 GDP 的现代皮革城。此外，枣庄市的旅游资源也相当丰富，如台儿庄古城，通过发展旅游经济，一年旅游收入据说就有 10 多亿元。

矿业城市转型，不能排斥矿业的发展。发展非矿产业、优化产业结构、促进城市转型，不等于不要矿业产业。相反，只要有资源可供开发，就应发挥矿产资源优势。这既可以延长矿山的服务年限，有利于职工生活稳定和社会稳定，还可以为发展非矿产业争取时间。所以，矿业城市要尽可能加强老矿山深部和周边地区的就矿找矿，挖掘老矿山的资源潜力。比如，安徽省淮北市就辩证地提出这样一个口号——"做强煤老大，做小煤比例"，争取到"十二五"末，使煤电化产业和其他产业年销售收入各超过 1000 亿元。目前，淮北市非煤产业占工业比重由 2007 年的 26.39% 提高到 2011 年的 57%；煤电化产业占全市工业比重从 2007 年的 70% 左右下降到 2011 年的 37.8%。与此同时，山西晋城市也提出"以煤为基，多元发展"的目标。

践行阶梯式发展论的几点要求：

发展是永恒的主题，矿业城市转型也是永无止境的。即使在形成综合性发展城市之后，矿业城市已不再是原有意义上的城市，但作为城市还要发展，而且应向更高水平的城市转型，把原来的城市建设成为文明、优美、和谐的生态城市。这也是党的十八大提出的建设生态文明的要求。

为了继续推进矿业城市转型工作，在运用阶梯式发展理论指导矿业城市转型工作时，要注意以下几点。

第一，遵循客观规律推进转型。转型是矿业城市发展不可逆转的客观规律，所以每个矿业城市不管处于什么样的发展阶段，矿业开发达到什么程度，都要积极主动地谋划与推进城市转型，以避免"矿竭城衰"，实现可持续发展。

第二，从实际出发推进城市转型。每个矿业城市对目前所处的阶段性质、转型程度都应做出准确的判断，并根据所处阶段的特点，从实际出发，制定下一步的转型总体规划，以及实施这个规划所应采取的方针、政策和措施，明确提出每个阶段的任务。

第三，科学地对未来转型过程进行阶段划分。根据城市转型总体规划，合理划分小的阶段，明确提出各个小阶段的具体任务、实施步骤和政策措施。例如，据相关媒体报道，焦作市新市民社区建设规划就是分 4 个阶段逐步推进的，2014 年 8 月底前为第一阶段，该市将完成新市民社区的确定工作，并制订实施方案，完成新市民社区住宅楼的规划、土地等相关手续的办理，到年底全面开工建设；2015 年年底为第二阶段，计划要求全面完成住宅楼建设和配套基础设施建设、公共服务设施建设；2016 年年底为第三阶段，计划要求实现农民入住；2017 年年底为第四阶段，计划要求完成对所有置换宅基地住房的拆迁、复耕和科学有效管理。

第四，扎扎实实推进转型工作。每个矿业城市在每个小阶段的任务要求和政策措施明确之后，就要将其扎扎实实地不断推进，在转型过程中，要认真实践，一步一个脚印地扎实工作，促使城市转型与发展顺利地从一级台阶跃上另一级台阶。

　　第五，要勇于创新。矿业城市要从各自实际出发，大胆进行创新，力求以最快的速度完成每一个阶段工作，以最短的时间完成每一个阶段的任务，跃上一个新的台阶。

　　第六，要善于反思。在转型过程中，特别是完成一项工作或完成一个阶段的任务之后，矿业城市都要对前一阶段的任务完成情况和每一项工作情况进行认真反思，认真地总结正、反两个方面的经验，谋求通过对前一阶段实践的反思使认识水平能上一个新的台阶，并以新的认识来指导新的实践，就是说，要通过"实践—认识—再实践—再认识"，把城市转型工作不断向前推进。

　　（朱训：全国政协原秘书长、原地质矿产部部长、中国自然辩证法研究会地学哲学委员会理事长）

要重视阶梯式成矿模式的研究与应用

朱　训

摘要：笔者通过对江西乐平花亭锰矿、赣南钨矿、湖北大冶铜绿山铜铁矿、江西永丰铜矿、山东胶东金矿等成矿模式的总结研究，指出要重视阶梯式成矿模式的研究与应用。

关键词：阶梯式；成矿模式

自 1991 年阶梯式发展这个理论观点被提出以来，后经 20 多年来的观察、分析与研究，发现这种阶梯式发展方式是在自然界、人类社会和日常生活中广泛存在的一种客观现象。据近几年的回顾与观察，阶梯式发展在成矿作用过程中也是常见的一种地质现象。

一、阶梯式成矿是一种成矿模式

近几年，通过对一些成矿地质现象的观察和对一些老资料的回顾，了解到在若干个矿区都有阶梯式成矿的客观现象。

1. 江西乐平花亭大型锰矿的阶梯式成矿

江西花亭大型锰矿是上饶地质大队 104 分队运用"就矿找矿"的理念于 20 世纪 50 年代后期在老矿山乐华锰矿附近找到的。后经过上饶地质大队和江西冶金勘探公司勘探证实该矿为一个石炭纪沉积变质型且拥有 1558 万 t 资源量的大型锰矿。矿石类型以氧化锰为主（90% 以上），矿石平均品位含锰 23.97%，锰矿层下部还有 40 多万 t 的铅锌矿。在查阅资料时发现，花亭大型锰矿的成矿模式是一个具有 2 ~ 3 个台阶的典型的阶梯式成矿。江西省地质矿产局编写的"江西省矿产资源开发发展战略报告 1987 ~ 2000"中清楚地说明了这一点。

2. 赣南钨矿"五层楼"成矿模型

赣南地区盛产石英脉型黑钨矿，是我国乃至世界石英脉型黑钨矿最为集中的地区。石英脉型黑钨矿有的产生在花岗岩体内外接触带中，有的产生在花岗岩体内部，有的产生岩体外部变质岩中。经钨矿地质工作者综合分析研究后，提出一个钨矿床的"五层楼"成矿模型，即花岗岩踢内外接触带中的钨矿可按矿带结构和矿石含矿品位的垂直变化犹如五个台阶依次分布着 5 个矿带，钨矿地质工作者将其命名为"五层楼"成矿模型（图1）。

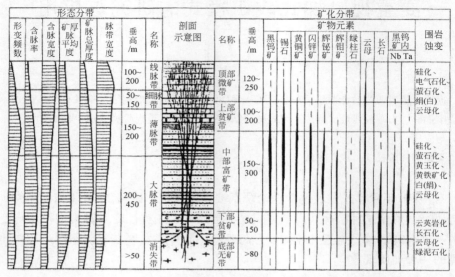

图 1　赣南钨矿"五层楼"成矿模型

3. 湖北大冶铜绿山铜铁矿阶梯式成矿

湖北大冶铜绿山铜铁矿是一个春秋战国时代就开始开采的古矿区。新中国成立后，经湖北地质工作者的辛勤劳动使古矿焕发了青春，为新中国的建设做出了重要贡献。

2006 年起，鄂东南地质大队的同志们在实施找矿突破战略行动过程中，通过在老矿山深部及外围就矿找矿又取得了成功。在深部发现与探明了一批新的矿体，增加了一批可观的铜铁矿资源。仅在铜绿山矿区 XI 号矿体深部发现的和 XIII 号矿体铜铁储量就达中型矿的规模。矿在储矿构造延展过程中的转折部位富集形成了两个台阶式的厚大矿体，从而构成了典型的阶梯式成矿模式。

4. 江西永平铜矿的阶梯式成矿

江西永平铜矿是在 1965～1966 年于江西赣东北铜矿地质工作会战时被证实为拥有 100 多万 t 铜资源的大型铜矿，是江西铜业公司的主要原料基地之一。永平铜矿的矿体系受具有不同物理化学特性的岩层的层间剥离构造控制，矿体呈似层状产出，含铜品位 1% 左右。经多年开发，原已探明的资源日渐减少。经过近几年的就矿找矿，不仅发现似层状矿体在深部经展伸很远，而且在控矿构造的转折处的台阶上形成了几个厚大的台阶式的铜矿体，形成阶梯式成矿模式。

5. 山东胶东地区金矿阶梯式成矿

近几年，山东地质工作者在胶东地区找金矿过程中，发现这个地区也存在阶梯式成矿现象。由于这个地区控矿构造规模很大，在空间上延展很长、很深，以致形成多个台阶。这些不同的台阶上的金矿矿体不是产于一个矿区之中，而是分属于不同地区的矿床。这里发现的台阶式的成矿模式还有一个重要特点，就是矿体规模巨大，拥有金矿的储量有的达100t以上（图2）。

图2　金矿阶梯式成矿模式示意图[1]

1. 伸展构造上盘；2. 伸展构造下盘；3. 铲式断层；4. 金矿体赋存位置；5. 构造运动方向；
6. 成矿流体运移方向

二、对阶梯式成矿的理论思考

客观事实说明，阶梯式成矿不是罕见的成矿地质现象，而是成矿模式中的一种。那么，为什么会有阶梯式成矿模式的形成呢？矿体为什么会呈阶梯状分布呢？矿质为什么会在台阶上富集呢？这些都是需要我们很好研究的问题。经初步思考，可否这样分析：具有工业开发价值的矿体之所以是呈台阶式分布，至少要有这样两个前提条件，一是要有充足的矿质来源，二是要有作为阶梯状储矿构造的形成与存在。

由于地质作用的复杂性，可能形成各种不同形态的成矿构造。当成矿构造，特别是储矿构造在沿倾斜方向和走向方向上出现陡缓坡相间的情况，即在较为平缓的地段就出现台阶状的构造，若有几个较为平缓的地段，就可能出现几个台阶。这样就构成了阶梯式控制储矿构造。

当含矿流体在控矿构造中运移时，由于储矿构造空间有陡缓坡之分，含矿流体的移动速度情况就可能不尽一致。陡的可能流的快一点，在台阶状缓的地方流的就慢一点，从而矿质也就可能有较长的时间在一个或几个台阶上聚集的多一些。若在控矿储矿构造中有几处较为平缓的台阶状的空间地段，这样就可能有阶梯式状矿的形成。

以上仅是一种初步的分析，实际上阶梯式成矿模式的形成要复杂得多，这是需要地质学家去研究的一个课题。

三、用阶梯式成矿模式指导找矿

研究阶梯式成矿模式，不仅可以丰富与发展成矿地质理论，而且可以运用阶梯式成矿模式指导找矿。运用阶梯式成矿模式指导找矿有 3 种途径。

一是根据已知浅部台阶追索深部台阶。在矿区浅部发现的台阶状矿体后，按控矿构造空间展布特点，向深部追索新的可能存在的台阶上的矿体。这种找矿思路在江西华亭锰矿找锰过程中和山东胶东地区找金过程中都取得了成功。

二是根据"缺位效应"指导找矿。在赣南地区钨矿成矿的"五层楼"成矿模式，是一种台阶呈垂直分布的阶梯式成矿模式。根据在矿床地表所见到的矿化特点，按照在"五层楼"中所处的位置，可以判断分析在该矿区是否还有可能找到处于其他楼层（台阶）的矿体。利用这种规律，在赣南找到了一批规模不等的钨矿床。

三是根据成矿模式原理进行预测指导找矿。湖北地质工作者根据大冶等地区成矿特点，对矿体定位规律进行综合分析研究，认为矿体定位有 5 种形式，即断裂控矿、接触带控矿、尖灭再现、斜列式排列、台阶式变化等矿体定位形式[2]。他们针对不同矿区的具体情况，预测在该矿区可能存在的矿体进行定位方式，然后，据此指导找矿行动。湖北大冶铜绿山铜铁矿 XI 号矿体深部发现的呈阶梯式分布的 XIII 号矿体就是在这种思维指导下找到的。

（朱训：全国政协原秘书长、原地质矿产部部长、中国自然辩证法研究会地学哲学委员会理事长）

参 考 文 献

[1] 山东地矿局. 胶西北深部找矿主要科技进展. 第 2 页.
[2] 胡东青等. 鄂东南地区近年来就找矿工作新进展、新认识.

关于紫金矿业阶梯式发展的思考

朱 训 王海东 周 铸

摘要：本文从企业管理、人才战略、技术创新等多个方面对紫金矿业集团近20年来改革发展的具体实践作了全方位、立体式的解读。从紫金矿业的发展脉络可以看出，其发展之路伴随着改革开放和中国经济体制改革的一步步推进与深化，呈现出明显的阶梯式发展特征。笔者系统梳理了紫金矿业的阶梯发展模式，总结了其每个发展阶段的特征与经验。为中国矿业企业理解阶梯式发展理论，从而更好地指导自身的生产实践，更好地认识客观世界的运动规律提供基本原则和基本思路。

关键词：紫金矿业；阶梯式发展

阶梯式发展是指客观事物随时间由一个台阶跃进到另一个台阶的发展，是客观物质世界运动的重要形式，也是人类主观认识运动的重要形式。

阶梯式发展论认为，客观事物的发展是一个连续不断的过程，是一个从量变到质变的过程。过程是由相互衔接而又具有不同质的阶段组成。发展是通过一个阶段一个阶段地由内部量变质变，从一个台阶跃向另一个台阶来实现的。并且，物质世界运动和人类认识过程不是简单的直线上升发展，而是前进性与曲折性的统一。发展是有阶梯性的，是从一个台阶前进到另一个更高的台阶，各个台阶间的界限是分明的。

阶梯式发展是自然界、人类社会和人们日常生活中广为常见的一种发展方式。例如，在人们上下爬楼梯、阶梯式成矿、每一个推进国民经济发展的"五年计划"或"五年规划"，以及在阶梯式电价、阶梯式水价、阶梯式气价，处处都能找得到阶梯式发展的例证。中国经济建设和中国经济体制近几十年的改革与发展也以明显的阶梯式发展为特征。

细数近30年成长起来的中国矿业企业，紫金矿业集团无疑可以作为一个非常典型的成功范例。紫金矿业诞生和成长在改革开放的大潮中，踩着中国经济发展和改革的步点，用20多年的时间缔造了一个中国矿业企业超常规发展的行业传奇，而其发展呈现出一个明显的连续不断的递进过程，从最初的国有小型矿业公司到职工参股和股份制改造，再到现在的具有多种所有制经济成分的跨国矿业集团，量和质都有巨大的飞跃。

在这一过程中，紫金矿业经历了萌芽起步、原地发展、面向全国、走向世界4个时间跨度不等且各具特色的发展阶段的跃进，并且在每个阶段中都包含着

"实践、认识、再实践、再认识"的循环上升过程。在每个阶段内部，公司的经营者又通过对实际情况的充分理解，不断总结并否定之前的经验，寻找到最适合当下的发展道路，通过量的积累引起质的变化从而进入新的发展阶段。正是因为这样一个个阶段性的发展，紫金矿业的经济实力和生产水平迈上了一个又一个新的台阶。

一、四个发展阶段特色分明

1. 萌芽起步阶段（1986～1993 年）

紫金矿业集团发祥地是紫金山铜金矿。该矿是福建省闽西地质大队在前人地质调查的基础上于 20 世纪 80 年代发现的。根据地质工作成果资料，1986 年 7 月 15 日，在上杭县矿山经营管理站的基础上，该矿成立"上杭县矿产公司"。经过几年的工作，到 1990 年，紫金山铜金矿被证实为一个大型矿。当时，这一发现引起了地矿部的强烈反响。这说明在地质工作程度较高的福建新发现了大矿，在我国东部其他地区也有可能找到大矿。于是，在东部老矿区开展就矿找矿、挖掘资源潜力成为当时找矿工作的一条重要指导方针。1992 年，福建省黄金公司批准"上杭县矿产公司"组建紫金山金矿中间试验站。1992 年，试验站被福建省委确定"以地方为主进行开发"。同年 12 月 30 日，陈景河从闽西地质大队调任上杭县经济委员会副主任兼上杭县矿产公司经理。紫金矿业集团正是由这个"上杭县矿产公司"发展而来的。

20 世纪 80 年代的"上杭县矿产公司"是一家由地方政府提供初始资本金的国有企业。当时，由于技术手段有限，紫金山金矿的勘探开发并不被人看好。因此，其开发权被下放到了上杭县。而且，黄金行业在当时属于受国家严格控制的行业，国有化程度高，因此"上杭县矿产公司"一直并未真正走进市场，仍然是计划经济控制下的国有企业。到 1992 年，紫金山金矿产出第一批黄金有 8.05kg。尽管当时"上杭县矿产公司"的规模很小，但它毕竟犹如一粒珍贵的种子，经过精心和卓有成效的培育、发芽、成长，才有紫金矿业集团成绩。所以，把"上杭县矿产公司"这一段历史看做是紫金矿业集团的萌芽起步阶段是顺理成章的。

2. 原地发展阶段（1993～2000 年）

这个时期的基本特点是积极推进体制创新，通过职工参股和引入民营资本，完成股份制改造，实现华丽转身。

长期处于计划经济体制下的中国矿业企业普遍存在资源枯竭、包袱沉重、发展乏力的状况。陈景河作为紫金矿业最主要的创始人，在他 1993 年担任"上杭县矿产公司"经理时就已经清醒地认识到，体制问题是制约企业发展的最大障碍，企业要想取得发展，就必须改变长期计划经济体制下形成的思维定势，必须突破传统的办矿模式，必须进行体制创新。自此，公司开始了 1993～2000 年第一轮创业的原地发展时期。1993 年，公司拥有资产 914 万元，生产黄金 33.15kg，销售收入 592 万元，收获净利润 55.4 万元。

在此背景下，陈景河果断对企业进行改制。1994 年 10 月，"上杭县矿产公司"这家县属小企业正式易名为"福建省闽西紫金矿业集团公司"，变为拥有 11 家全资或者控股公司的国有企业集团。紫金矿业的市场化之路由此开始。

1997 年，党的十五大提出"加快国企改革，可以采用股份制等方法，采用新的分配机制；资金、土地、厂房、设备、工具等有形资产，以及经营机制和经营者的智慧、学识、才能等无形资产，都可以作为生产要素，参与分配"之后，在全国掀开了国有企业大规模改制的序幕。"抓大放小""国退民进"建立现代企业制度的改革浪潮在中国大地上奔涌。

国企改革的浪潮也冲击着上杭县城。1994 年 10 月 15 日，闽西紫金矿业集团改制成有限公司，拿出 14% 的国有股由紫金矿业职工和紫金山矿区周边乡村认购参股，紫金矿业的企业转制由此启动。与之同时，紫金矿业通过多方面努力，最终解决了困扰其多年的矿权问题。在顺利进行产权制度改革后，紫金矿业也顺利完成了国有企业职工身份的置换：持有企业集体股份的员工成为了企业的主人，企业的发展与个人利益直接相关。企业的体制活了，职工的积极性也高了，敢于打破"铁饭碗"把企业的发展当做自己的一份事业来经营。

在此阶段，上杭县政府领导人的思想观念也比较开放，国有股份的减持就是对此的最好印证。虽然数额不大，但其体现了一种超前的思维和开明的决策，这对激活企业发展的内生动力起到了很好的铺垫作用。

根据上杭县当时确定的紫金矿业股份公司改制思路与股权设置原则，紫金矿业集团有限公司进行整体改组，完成股份制改造，由现有股东将资产评估后各自在公司中所拥有的权益出资，吸收其他若干家发起人以现金出资，共同发起设立股份有限公司；在股权设置上，继续减少国有股比例至 48% 左右，即国有股占相对控股地位，同时增加民资和职工股份的比例。入资紫金矿业的民营企业就是福建的新华都集团。华都公司的价值亿元的重型履带装备在当时的"矿业寒冬"里助推着紫金矿业的飞速发展。

紫金矿业发展的第二阶段其实是一个非常关键的过渡阶段。2000 年 9 月，原闽西紫金矿业集团公司正式改制为紫金矿业集团股份有限公司。"华丽转身"后的紫金矿业完成了现代化企业模式和体系的建设。到 2000 年，公司职工由 1995 年的 324 人增加到 834 人，资产由 914 万元增加到 43954 万元，生产黄金由 33.15kg 增加到 4419kg，销售收入由 592 万元增加到 29801 万元，收获净利润由

55.4 万元增加到 4795 万元。紫金矿业的经济实力和生产水平迈上第一个台阶。由此也拉开了其第三阶段发展的序幕。

3. 面向全国阶段 (2001~2005 年)

第三阶段的基本特征是在壮大福建市场的同时，走出福建、面向全国，在香港 H 股成功上市。

在上一阶段改制完成后，紫金矿业开始真正有了自己的经营机制，并且这种机制的优势逐渐得到了显现。大量资金的注入，不仅盘活了紫金矿业的经济状况，让企业可以把资源勘探、开发与并购的步伐迈向全国，也最终促成了紫金建立起符合社会主义市场经济特征的现代企业制度，并为其下一步运作上市打好了基础。

福建紫金矿业集团股份有限公司成立后，将生产与资本对接，从而实现上市作为阶段性目标。2003 年 12 月 23 日，紫金矿业在香港 H 股上市。成功上市后，紫金矿业开始走向全国，并继续将高速发展的态势向外拓展。紫金矿业的经济实力和生产规模进一步扩大，先后在福建、新疆、青海、内蒙古、贵州、吉林、西藏、安徽、四川等省、自治区投资建设了 40 多家下属公司。2004 年 6 月，经国家工商总局批准，福建紫金矿业集团股份有限公司更名为"紫金矿业集团股份有限公司"。

紫金矿业在完成股份制改造后，于 2003 年年底成功运作其在资本市场的第一次"华丽亮相"——在香港上市，实现与国际资本的对接。紫金矿业也因此成为中国黄金行业及福建省首家上市的 H 股企业。紫金的成功实践充分证明，企业要快速发展壮大，离不开金融资本市场。自此，紫金开启了其第四阶段的发展之路，逐步从一家从事简单生产经营的矿业公司转型为一家以资本经营战略为主的外部经营战略的上市公司。到 2004 年，公司拥有职工 1301 人，资产 329285 万元，生产黄金 13050kg，销售收入 151865 万元，利润 63523 万元，净利润 41530 万元。紫金矿业的经济实力和生产水平又迈上一个大台阶。

4. 走向世界阶段 (2005~2014 年)

这一阶段的基本特点是在壮大国内市场的同时，开始走出国门、走向世界，以建设一流的国际矿业企业为目标。

在这一阶段内，紫金矿业踏着中国走向世界的铿锵步伐，及时搭上了世界黄金大牛市和中国经济发展的高速巨舰。2005 年，紫金矿业以参股加拿大顶峰矿业公司为标志，成为顶峰矿业公司第一大股东，实现海外投资零的突破，开始走出国门、走向世界。目前与澳大利亚、塔吉克斯坦、俄罗斯、吉尔吉斯斯坦、蒙古等国家合作勘查开发矿产资源。国家良好的管理、经营和持续赢利能力，让紫金矿业在资本市场备受投资者青睐。为加快国际化步伐，基于在香港上市的成功实践，紫金董事会在 2007 年做出了回归 A 股的决策。次年，紫金矿业成功在上海 A 股上市。

紫金矿业的资本运营有别于单纯的上市融资、兼并或收购，其更加丰富的内涵包括了资本融通、资本管理和资本经营 3 个层次的内容，将生产经营和资本运营共同构成企业的经营活动，共同围绕和服务于企业的产业发展战略。

在 2011 年和 2012 年，紫金矿业分别实现净利润 57.95 亿元和 51.97 亿元，在全国黄金和有色金属行业中名列前茅。即使到了全球矿业行情急速降温的 2013 年，紫金矿业仍然以拥有 2.2 万余名职工、668 亿元资产、生产 108540kg 黄金（其中矿产金 31693kg）、铜产量 332792t（其中矿山产铜 125060t），获净利润 29 亿余元的骄人成绩在全球上市黄金企业中排名第八。紫金矿业的经济实力和生产水平又上了一个大台阶。

紫金矿业并不满足于已取得的成就。从 2014 年开始，紫金矿业全面启动新一轮的创业，目标是争取到 2030 年把紫金矿业建设成为高技术效益型特大国际矿业集团。自此，紫金矿业进入"全球大发展"阶段。

二、三大台阶对应体制三次嬗变

从完成原始资本积累到走上全球大发展道路，紫金矿业一直在探寻最适合自己的发展模式。纵观紫金矿业发展的 4 个阶段，每个阶段都有显著的特点，而且每个阶段都包含了基于不同客观实际的实践和认识。正是因为不同阶段的不同特点，紫金矿业在每个阶段都可以找到当下最合适的发展方向，并且根据内外部环境的变化和认识的提高，不断修正其发展道路和目标，不断否定过去的经验，从而才有了从一个阶段到另一个阶段的前进和上升。紫金矿业发展到现阶段，已经迈上了 3 个大台阶，这 3 大台阶对应的是企业体制的 3 次嬗变。

1. 体制改革体现认识飞跃

新中国成立后的前几十年里，我国实行的是计划经济体制。这种体制虽然能集中力量办大事，社会主义经济建设也取得了很大成绩，但由于高度集中的计划经济体制管得过死，企业缺乏活力，社会生产力的发展受到严重束缚。党的十一届三中全会做出改革开放的重大决策，大一统的"计划经济"开始逐渐转向"计划经济为主，市场调节为辅"。

在这一时期内，我国的经济活动中的市场调节比重在一些领域中逐步发展到接近或超过了计划调节，经济体制改革已经迫在眉睫。1992 年，邓小平同志发表了重要的南方谈话，将经济体制问题与社会制度属性问题明确分开。这也为"上杭县矿产公司"这一"老旧小"国企进行体制改革提供了最原始的动力。

紫金矿业在这一阶段根据国家关于国有企业改革的政策导向，基于企业自身的实际情况，大胆创新、勇于实践，在企业的市场化道路上迈出了坚实的第一步。

1993～1998 年，紫金矿业一直摸索着在市场经济环境下企业的发展模式。基于此阶段的实践，1998～2000 年，在完成有限公司改制后，紫金矿业无疑已经找到了真正适合自身同时也符合市场经济大环境的发展方向，并由此迈上了关键的初始台阶。

2. 政企分离保障制度建立

党的十五大报告中指出："非公有制经济是我国社会主义市场经济的重要组成部分""对个体、私营等非公有制经济要继续鼓励、引导使之健康发展"。我国的民营经济在这个时期内得到空前发展。从某种程度上来说，民营资本的注入对紫金矿业在这一阶段的发展具有重要作用。民营资本的参股，让国有股份在紫金矿业中的份额不断降低，但又仍然保留了国有股相对控股的地位，这对于企业的发展产生了巨大的推动作用。

通过整体改组，紫金矿业实现了所有权和经营权的分离，政府和股东不干预企业的经营，董事会也能独立自主地进行经营决策。同时，股东会、董事会、监事会既相互独立，又相互制衡，这使紫金矿业向现代化企业管理，也向现代化企业方向迈进了一步。这种崭新的体制与机制是有鲜明特点的，它既不是完全的国有企业，克服了国有企业的诸多缺陷，比一般国有企业更具活力，又不是完全的民营企业，比民营企业的运作更为规范。

3. 资本市场助力企业腾飞

在社会主义市场经济的范畴里，资本特别是金融资本的经营，已经成为让企业的市场价值发生几何级数裂变的巨大反应堆。在上市之前，紫金矿业的市场化运作已经初具规模。虽然在 10 年左右的时间里，紫金矿业完成了原始资本的初步积累，但其净资产和资本金的规模相对都比较小。通过两地上市，紫金的企业资本在一夜之间翻了几番，企业的规模随之快速扩增，运营项目的数量、规模亦呈现了快速的增长，其发展的步伐与之前相比从质和量上都有一个较大的飞跃。这也为公司进军国际矿业市场、成为国际性的一流矿业公司奠定了非常坚实的基础。

作为我国一家极具代表性的上市矿业公司，紫金矿业在上市后十几年的发展中不仅按照现代股份制企业的要求完善了其组织架构，实现了企业经济实力与品牌优势的有机结合，同时也兼顾了国有资产的保值增值和广大投资者的利益。紫金矿业的经营者善于将企业的发展置于中国经济大环境的发展之中，因而它也会随着中国经济的改革发展实践不断获得新的认识和新的发展。

紫金矿业通过这几个阶段的台阶式跃进，逐步发展成一家现代化的矿业企业。在循序渐进的过程中，通过不断地实践、认识、再实践、再认识过程，企业的诸多要素也随着时间的推移而取得新的进步，并上升到一个新的层面。

第一，企业的体制机制上了新的台阶。从计划经济下的国有企业到市场经济中的上市公司。紫金矿业不仅找到了真正适合自身发展和符合国家经济发展的正确方向，也逐步建立了现代化的企业制度。在盘活企业内部各要素的同时，也使其可以真正融入市场，在市场竞争中立于不败之地。

第二，企业的管理方式上了新的台阶。20年来，紫金矿业的管理层不断学习借鉴先进的管理思想、管理理论和管理方法，并根据企业自身特点不断确立目标、修正目标，迅速使企业完成由粗放式管理到集约式精细化管理的转变。他们不断摸索"最合适"的过程，恰恰就是一种"持经达变"过程。在外部环境和内部环境的不断变化中，这种"持经达变"逐渐沉淀积累成为以"人+制度+创新"为核心思想的紫金管理模式。人是管理之本，制度是管理之法，创新是管理之魂，三者之间并不是简单地相加，而是一个互动的、协调的动态平衡过程。

第三，企业的经营成果上了新的台阶。在紫金矿业成立之初，企业的资金、技术、装备、人才等诸多因素都绝对匮乏。经过20年的发展，紫金已经成长为总资产由1993年的914万元增加到2013年的668亿元的大型集团公司。同时，生产模式不断创新，产品种类呈现多元化。其中，矿产品的产量和质量实现了较大的飞跃，黄金生产由1993年的33.15kg增加到2013年的108540kg，企业净利润也从1993年的55.4万元增加到2011年的57.95亿元，多个矿种的资源保有量处于全国乃至全球同类企业领先水平，同样企业的效益也不断提升，处于全国行业领先地位。

第四，企业管理者的思维模式上了新的台阶。在紫金逐步发展壮大的过程中，企业的管理者通过不断地实践和总结，潜移默化地形成了系统的市场化思维和全球化思维，并以一种超前的眼光做决策，带领着企业在迈向国际知名矿业公司的道路上不断前行。

三、五大经验印证阶梯式发展论

紫金矿业是中国矿企发展的一个成功样本，它的阶梯式发展模式具有较好的实践意义。这种模式虽然有其个体性和独特性，在某一特定历史时期内也不具备可复制性，但通过对其阶梯式发展过程的细致研究，可以为中国矿业企业理解阶梯式发展理论，从而更好地指导自身的生产实践、更好地认识客观世界的运动规律提供基本原则和思路。

一要勇于创新。阶梯式发展论认为，客观事物发展不能也不会永远停留在一个台阶上，必然要向更高的台阶攀升。而推动和加速事物向更高台阶攀升的最重要的动力因素就是创新。体制创新，从职工参股到吸收民营资本再到两地上市，紫金矿业完成从计划经济体制到社会主义市场经济体制的转变；制度创新，使紫金矿业完善了现代化的企业构架，从而在市场经济的残酷竞争中赢得一席之地；管理创新，使紫金矿业迅速完成了由粗放式管理到集约式精细化管理的转变，提升了企业的综合实力；技术创新，使紫金矿业不断刷新矿石入选最低品位、降低单位矿石处理成本，从根本上保证了企业的效益之源。紫金矿业不仅勇于打破传统观念和做法，还勇于走出福建、走出国门、走向世界谋求更大的发展。

二要认真实践。阶梯式发展论认为，人的认识来源于实践。人的认识之所以能够一个台阶又一个台阶地上升，是实践、认识、再实践、再认识的结果，是唯物辩证法所揭示的量变与质变规律的体现。所以要认识与改造客观世界，都需要进行充分的实践。紫金矿业在其发展的每一个阶段都做到了这一点。他们无论是在紫金山、福建，或是在走出国门、走向世界之后，都能做到干一件事就做好一件事。紫金矿业在每个发展阶段的战术细节上，也都遵循认真实践的客观规律。无论是选择人才、选择技术，还是选择项目，紫金矿业都要进行全面调研，慎重决策，其标准最终归结于"最合适"3个字上。紫金的经验充分说明，没有大量的实际调研，没有充分的实践量的积累，就不可能形成正确的认识，就不可能做出正确的决策。

三要善于反思。阶梯式发展论认为，认识运动的每一个台阶内部都不是"平滑"的，而是还会有小台阶和一些波动。这就要求我们及时进行反思，认真总结经验，发现问题，查找不足，巩固成绩，发现新的亮点和创新点。每一次总结都会是一次进步，都会使人们的认识上升到一个新的小台阶，都使人们的认识离"飞跃"和上升到更高的台阶更近了一步。台阶不能跨越，但是可以缩短，及时总结经验就是缩短台阶之间距离的最好方法。纵观紫金矿业的发展历程，在每一个阶段它都会随着内外部环境的不断变化而修正目标和策略，以此来寻找普遍原理与客观实践的最佳结合点。无论是企业改制后的快速腾飞，或是环保事故后的痛定思痛，或是在"矿业寒冬"里的思维转换，从某种程度上说，这些都是紫金在发展过程中遭遇瓶颈、困难或波折之后的思考和变通。这种反思的"习惯"贯穿于紫金矿业发展的始终。

四要尊重规律、实事求是。马克思主义认为，不仅自然界的发展变化受客观规律的支配，人类社会也具有自身规律的发展，两者都具有不以人的意志为转移的客观性。阶梯式发展论不是臆造的产物，而是客观物质世界发展规律的反映，是探索人类认识运动过程中发现并总结得出的一种理性认识，有着坚实的客观依据。它提示我们，既然客观事物都是按一定规律发展变化的，那么我们做任何事都应尊重客观规律，以实事求是的态度对待事物的发展变化。无论是自然规律还是社会规律，其表现形式都是非常复杂的，发生作用的条件是多样的，因而要通过反复实践、反复探索，逐步提高对客观规律的认识，才能实现阶梯式发展。同时，尊重客观规律与发挥人的主观能动性并不矛盾。我们在坚持阶梯式发展论的同时，也需要实事求是地发挥人的主观能动性，化大阶梯为小阶梯，尽量缩短阶梯的"宽度"，提高阶梯的"高度"。紫金矿业的过人之处在于它踩准了社会主义市场经济发展的步点，并且敢为人先、坚定不移地走上了市场化之路，这也注定了其发展的基本前提就是尊重市场经济的客观规律。紫金矿业之所以能做大做强，是与它所遵循的"发展矿业，找矿先行"的原则和机制分不开的。紫金矿业在发展的每一个阶段都加强地质找矿工作。正因为这样，紫金矿业一直处于"有米下锅"的状态，而且保有的资源在同行业处于领先地位。

五要循序渐进、与时俱进。阶梯式发展论认为，客观事物发展也好，人们的认识也好，都是呈阶梯式逐步前进与发展的。阶梯式发展论体现在工作方法上即为"循序渐进"的原则，概括起来就为一句话：必要的工作阶段只可适当缩短，不可跳跃。紫金矿业发展迅速，在短短 20 年内就成长为一家行业领先的现代化企业，但从其发展的轨迹可以看出，其成功并不是一蹴而就的，而是经历了多个时间长度、不同发展阶段的累积。从职工参股到吸收民营资本再到两地上市，紫金矿业循序渐进地完成了体制改革，走上了市场化道路。紫金矿业在做好紫金山铜金矿这篇文章、实现原地发展的基础上，循序渐进地走出福建、走出国门、走向世界而成为一个跨国矿业集团。而且，紫金的每一个发展阶段都是上一个阶段的正常延续，是实践量积累到一定程度后的自然发展的连续过程，它并没有绕开客观规律而"跳跃式"地迈上另一个台阶。紫金的管理者在随着内外部环境的变化不断修正企业发展目标的同时，亦在不断学习新的管理方法、推进新的生产技术、引进新的人才队伍，这不仅保证了企业的发展一直处于"实践、认识、再实践、再认识"的动态循环之中，也从很大程度上缩短了其每个发展阶段的时间长度和每个阶梯的"宽度"。

（朱训：全国政协原秘书长、原地质矿产部部长、中国自然辩证法研究会地学哲学委员会理事长；王海东：中国矿业报副社长；周铸：中国矿业报记者）

找矿突破战略行动，实践阶梯式发展论的典型范例——找矿突破战略行动成就回顾与经验反思

李金发

摘要："找矿突破战略行动"要求"3年实现地质找矿重大进展、5年实现找矿重大突破、8~10年重塑矿产勘查开发新格局"。找矿突破战略行动实践4年来，第一阶段目标全面完成，第二阶段目标成果丰硕，仅就这一阶段的情况看，遵循阶梯式发展理论，按阶段循序渐进，创新管理为找矿突破提供动力，科技创新为找矿突破提供支撑，有力地推进了找矿突破战略行动。

关键词： 找矿突破战略；阶梯式发展

一、找矿突破战略行动阶段性目标

1. 3 年实现地质找矿重大进展

完成整装勘查区的基础地质调查；重点成矿区带内的重要找矿远景区 1：5 万区域地质调查、航空地球物理调查、地球化学调查、遥感地质调查和矿产远景调查工作量的 75%。完成重点地区天然气水合物资源潜力评价。新发现 10~20 个油气资源有利目标区和 300 处其他重要矿产资源大中型矿产地，初步形成 5~8 处大型资源勘查开发基地。建立 40 个矿产资源节约与综合利用示范基地。初步形成全国统一的矿业权市场，完善矿产资源管理制度。

2. 5 年实现地质找矿重大突破

基本完成重点成矿区带内的重要找矿远景区 1：5 万区域地质调查、航空地球物理调查、地球化学调查和矿产远景调查。锁定重点地区天然气水合物资源富集区并优选目标进行试采。形成 3~7 个油气资源勘探接续区和 10 个以上其他重要矿产资源的大型勘查开发基地。基本查清我国大宗、紧缺和优势矿产的资源节约与综合利用状况，完成所有大中型矿山综合开发的技术经济评价和潜力评估。建立 60 个矿产资源节约与综合利用示范基地。能源及重要金属和非金属矿产资源回收率与共伴生矿产综合利用率较 2010 年提高 3%~5%。建成全国统一高效的矿业权市场，基本形成与社会主义市场经济相适应的矿产资源管理体系。

3.8～10 年重塑矿产勘查开发格局

累计新增一批重要矿产资源储量，新打造一批矿产资源基地，建立重要矿产资源储备体系，提高矿业企业国际竞争力。矿产资源利用结构形成"油气并举""大宗紧缺矿产和新兴材料资源并举""开源节流并举"格局，新矿物材料资源勘查开发取得显著成果，能源及重要金属和非金属矿产资源回收率与共伴生矿产综合利用率较 2010 年提高 5% 以上，实现 15% 以上的难利用矿产转化为可利用资源。勘查开发形成"陆海并重""东西并重"空间布局，深化陆域矿产资源勘查并取得新突破，海洋矿产资源勘查取得新发现，促进矿产资源产业向西部地区转移，扭转大宗矿产产地与消费区分割的局面，促进区域产业协调发展。初步完成以矿业权为核心的市场化改革，推进以总量控制、双向调节为核心的矿产资源管理体制改革，重塑矿政管理格局。

找矿突破战略行动明确了"3 年实现地质找矿重大进展，5 年实现找矿重大突破，8～10 年重塑矿产勘查开发格局"的"358"目标。找矿突破战略行动实施 4 年来，第一阶段目标全面完成，第二阶段目标有望实现，取得了丰硕成果，积累了一系列成功经验。笔者拟从阶梯式发展论的角度对 4 年来找矿突破战略行动取得的成就和经验做一点回顾和反思。

二、"358"目标体现了阶梯式发展论的基本观点

阶梯式发展论是运用马克思主义发展学说总结矿产勘查客观规律形成的一种新的理论观点。这一理论观点是原地矿部部长朱训于 1991 年在中央党校学习期间提出的。

当时提出阶梯式发展论的客观依据是国内外矿产勘查过程均分几个阶段，每个阶段犹如攀登台阶似地向前推进这一客观规律。鉴于矿产勘查过程这种"台阶式"的发展形式，与"螺旋式上升"和"波浪式前进"事物发展形式不尽相同，但又兼具两种发展形式的特点，于是朱训将其命名为"阶梯式发展"。正因为阶梯式发展是矿产勘查工作过程的客观规律，所以人们自觉不自觉地遵循与运用这一客观规律来指导矿产勘查实践，目前正在实施的找矿突破战略行动也不例外。

阶梯式发展论认为，发展是一个过程。过程是由密切联系而又具有不同质的阶段组成。发展则是通过每个阶段内部"实践、认识，再实践、再认识"而引发的量变和质变来实现的。找矿突破战略行动"358"目标也正是分三个阶段实施、分阶段向前推进的。

阶梯式发展论还认为，既然发展是一个过程，过程又是由一些阶段组成的，那么推进客观事物的发展既要有总体目标，又要准确地把握发展过程中每一个阶

段的性质，明确每一个阶段的具体任务，在此基础上采取针对性的方法、措施，一步一个台阶地推进客观事物的发展。找矿突破战略行动"358"目标也体现了阶梯式发展论的这一基本观点，既有总体目标，又有分阶段具体任务要求。

找矿突破战略行动总体目标是，用 8~10 年时间，实现主要含油气盆地、重要矿产资源整装勘查区、老矿山深部和外围的找矿突破，以及重点成矿区带找矿远景区的找矿发现，形成一批重要矿产资源战略接续区，建立重要矿产资源储备体系。结合国家主体功能区规划、区域产业布局和重大基础设施建设，推进矿产资源产业向西部地区转移、向海域拓展，推进矿产资源节约集约利用，推进矿产勘查开发体制机制改革，促进资源与环境协调发展和矿产资源可持续利用，为经济平稳较快发展提供有力的资源保障和产业支撑。

三、找矿突破战略行动初战告捷

2011~2013 年，找矿突破战略行动第一阶段目标全面完成；2014 年找矿成果突出，为实现第二阶段目标奠定了基础。

新发现一大批矿产地。在鄂尔多斯、四川、塔里木和渤海湾盆地新发现 8 个亿吨级油田、6 个千亿方气田。页岩气勘查开发在重庆率先取得突破，探明首个千亿方整装页岩气田，形成 15 亿方产能。其他矿产方面，新发现铀、铁、铜、铝、金、铅锌等矿产地 1352 处，其中大型 162 处、中型 289 处、小型 901 处，超额完成第一阶段新发现 300 处大中型矿产地的第一阶段目标任务。

石油、天然气、煤炭、铁、铜、铝、金、铅锌、镍、钾盐等重要矿产资源新探明储量大幅增加。在开采强度不断加大的情况下，重要矿产保有资源储量明显提升，其中保有资源储量增幅显著的分别为：钼 86.9%、金 30.7%、铅锌 19.7%、钨 18.6%、锰 16.6%、铜 13.3%、煤炭 10.7%、铁 9.9%、铝土 7.2%。与"358"预期目标相比，铜矿、金矿提前完成了 5 年目标任务，镍矿、钼矿提前完成了 10 年目标任务。

铀、铜、钨、钼、镍等大宗紧缺和优势矿产找矿取得重大进展，发现了内蒙古大营铀矿、江西大湖塘钨矿和朱溪铜钨矿、安徽沙坪沟钼矿等一批世界级大矿，以及西藏多龙铜矿、甲玛铜矿、云南普朗铜矿、青海夏日哈木镍矿、黑龙江岔路口钼矿、内蒙古曹四夭钼矿、山东新城金矿、西岭金矿等一批超大型矿床。勘查成果超出预期，对于重塑矿产资源勘查开发格局、优化区域产业布局、增强国内资源保障能力具有重要促进作用。

找矿突破战略行动部署符合阶梯式发展规律。自找矿突破战略行动实施以来，统筹有序地部署了全国矿产资源潜力评价工作、基础地质调查工作和整装勘查工作。这种部署由于符合矿产勘查工作阶梯式发展这一客观规律，从而取得了很好的效果。

全国矿产资源潜力评价为规划部署矿产勘查提供了良好的基础。全国煤炭、铀、铁、铜、铝、铅、锌、钾、磷、金、钨等 25 个矿种的矿产资源潜力评价工作全面完成，定量评价了资源潜力，对我国资源潜力和成矿规律的认识都上了新台阶，并据此圈定了近 5 万个预测区，为优化主攻矿种、推进 "358" 目标的实施提供了重要决策依据。

基础地质调查为找矿突破选区指明了方向。在矿产资源潜力评价工作基础上，动态调整并划分了 27 个重点成矿区带和 109 片整装勘查区，并分层次、分阶段部署了基础地质调查工作。首批 47 片整装勘查区已全面覆盖，第二批、第三批已基本部署完成；重要找矿远景区覆盖率达到 75%。由于基础地质调查程度跃上了一个新台阶，既大幅提升了重点成矿区带、重要找矿远景区、整装勘查区的工作程度，又提高了对这些地区成矿地质条件的认知水平。至 2015 年，用 5 年时间基本完成重点成矿区带内的重要找矿远景区 1 : 5 万基础地质矿产综合调查，力求新发现一批找矿靶区、矿产地，为下一阶段培育、遴选重点勘查区、整装勘查区提供基地保障。

整装勘查区取得了丰硕找矿成果。截至 2014 年 4 月，全国第一、第二批 78 片整装勘查区内主攻矿种普查、详查、勘探的探矿权数量分别为 1876、1491、248 个，体现了从发现、评价到探明矿产地这一阶梯式循序渐进的认识规律，并随着对成矿规律、矿体赋存特点等认识水平不断提高，找矿也取得了显著效果。全国新发现与查明大型矿床并有望形成新的大型矿产资源开发基地中，大部分来自于整装勘查区，如大营铀矿、大湖塘钨矿、甲玛铜矿、普朗铜矿、多龙铜矿、沙坪沟钼矿、三山岛金矿、夏日哈木镍矿、查岗诺尔铁矿等，都是下一步重塑我国矿产资源勘查开发格局的基础。

四、全面落实找矿新机制体现了阶梯式发展理念

找矿突破战略行动实施四年来的成功经验表明，"358" 第一阶段目标顺利实现的本质原因，主要是围绕推进地质找矿新机制，自觉遵循了地质勘查工作规律和市场经济规律这两个规律。

"公益先行、商业跟进、基金衔接、整装勘查、快速突破" 的地质找矿新机制，充分体现了阶梯式发展论的理念——"公益先行是面上选区，整装勘查求点上突破"，这一阶梯式工作部署符合地质勘查工作规律；"商业跟进形成大规模投入，基金衔接分担找矿风险"，适应矿业市场经济规律，形成多元投资的矿产

勘查新局面。

基础地质调查工作程度逐步提高的量变过程，是实现矿产勘查工作质的飞跃前提。2011 年找矿突破战略行动实施以来，按照"综合部署、科技引领"的原则，基础地质工作优先部署在整装勘查区、重点勘查区和重点成矿区带。1∶5 万区域地质调查覆盖率上了一个新台阶，由 2010 年的 22% 提高到 2014 年的 33%。四年完成的工作量相当于以往总量的 1/3，其中全国重要找矿远景区的覆盖比例由 40.6% 提升到 77%，重点成矿区带的覆盖比例由 33.7% 提升到 56.6%。新圈定物化探异常 1.9 万处，提交找矿靶区 1000 余处，新发现金属、非金属矿产地 150 处和 17 处探获油气资源有利目标区，形成一批勘查接续基地，为下一阶段找矿突破工作实现质的飞跃打下坚实基础。

整装勘查是一般勘查活动跃升为找矿突破的重要途径。实践表明，整装勘查区内找矿成效高于其他地区。到 2013 年底，全国金属矿产整装勘查区内设置的 6500 余个探矿权区块中，具较大勘查进展的探矿权区块占 2.3%，明显高于一般勘查区块中 0.59% 的比例。"358"新增资源储量中 100% 的锰矿、88% 的铝土矿、45.8% 的金、38.7% 的铜以及 33.6% 的新发现大中型矿产地均来自整装勘查区。

激发市场活力，构建商业跟进的多元化投资平台，是投融资渠道的突破与质变。找矿突破战略行动实施以来，形成了以社会资金为主的矿产勘查投入新机制，累计投入各类找矿资金约 3500 亿元，其中，社会资金投入占 85% 以上。许多重大突破都是在市场机制作用下，企业和地勘单位加强合作，约定各方权利义务，加速资本和技术融合，统筹部署、规模投入，发挥各自优势的情况下短时间内取得的。如，2012 年国土资源部、西藏自治区人民政府和中国铝业等合作，评价拿若、铁格隆南（荣那）两处超大型斑岩型铜矿，探获资源量 700 万吨、金 150 吨，成为当年全球最重要的铜资源发现之一。

五、勇于创新反映了阶梯式发展的要求

阶梯式发展论认为，发展是按阶段循序向前推进的，一般情况下阶段不能跨越，但可以通过创新加以缩短。找矿突破战略行动的实践表明，创新是缩短找矿过程，加速找矿突破的动力。

创新管理为找矿突破提供了动力。设置整装勘查区是管理创新的主要特征，也是矿产勘查水平跃上新台阶的重要标志。通过整装勘查的组织形式，以矿集区为单元，把分散的探矿权、勘查资金、资料信息、技术和装备等勘查要素进行优化整合，统一规划、统筹部署，形成大投入、大会战，达到实现找矿突破、尽快形成一批重要矿产资源基地的目标。

整装勘查区内在技术层面上根据实际情况，运用勘查区"三位一体"找矿预测理论与方法体系；在探矿权层面上进一步完善和规范矿业权管理，优化矿权出让方式；在投资层面上，确定信誉好的大型龙头企业的投资主体地位；在勘查组织形式层面上探索和实践"五统一"模式、专家巡回技术指导制等，各不同层面之间形成了相互有效衔接的整装勘查工作机制，在找矿实践中取得很好的成效。如，在鄂尔多斯整装勘查区的大营铀矿，实行"煤铀兼探、综合勘查"，打破以往不同行业部门的管理框框，节省大量勘查资金，并缩短4～5年铀矿勘查周期，创造了高效率、低成本、大成果的成功范例，对北方地区砂岩型铀矿勘查具有重要的示范作用。在钦杭成矿带赣北武宁县大湖塘、浮梁县朱溪地区，最近相继发现两个超百万吨的世界级特大型钨矿。

科技创新为找矿突破提供支撑。地质理论和勘查技术不断创新发展，为加速找矿突破提供了有力支撑。如，胶东金矿"阶梯式成矿模式"的发现，"三位一体"（成矿地质体、成矿构造和成矿结构面、成矿作用特征标志）的勘查区找矿预测地质模型广泛推广应用于就矿找矿实践等，带动了胶东金矿、江苏栖霞山铅锌矿等一批老矿山新增资源储量剧增。在南岭成矿带将原有的"五层楼"找矿模式发展为"五层楼+地下室"的新型钨钼矿找矿模式，在矿集区深部发现厚大矿体和新类型矿床。

勘查技术方法研发创新取得新成果。航电航磁勘查系统、无人机航空物探综合测量系统、地面磁测系统、岩心光谱扫描仪、数字地质调查技术等提高了矿产资源调查评价现代化水平，为实现找矿突破提供了技术支撑。在河北滦南-遵化地区铁矿整装勘查区，开展精度高、航磁异常精准、数据采集精密等具国际先进水平的低空大比例尺高精度航空磁法测量，解决了制约勘查隐伏矿的难题。西藏山南罗布莎矿区应用高精度重力、磁法和精确激电组合方法和计算机数据处理技术，在老矿区新发现厚大的隐伏铬铁矿矿体。

矿产资源综合利用技术取得新成效，盘活了一批呆滞矿产资源，拓宽了矿产资源调查评价工作领域。铁、金、磷矿等重要矿产资源综合利用方面，已处于国际领先水平，创新了铝土矿、钼矿等选矿工艺，钒、钛、铁等有用元素回收率得到提高。广西天等龙原-德保那温地区锰矿整装勘查区，对低品位碳酸锰矿石等含锰矿石选冶技术性能研究取得重要新突破，将下三叠统北泗组含锰岩系中的含锰泥质岩、含锰硅质岩等均可圈为矿体，圈定出14个含锰层位，大大扩展本地区乃至整个桂西南地区锰矿找矿空间。

（李金发：中国地质调查局副局长）

第三篇　阶梯式发展对事物发展的指导意义

阶梯式发展理论对研究地球科学
有着重要的指导意义

翟裕生

摘要：事物的发展普遍带有阶梯式。在地球演化过程中，成矿物质的富集并形成矿床是有规律的，而这个规律在一定程度上表现为阶段性。从太古代到新生代，矿藏的数量是呈阶梯式增长的。笔者研究矿床也有一个阶梯的历程。因此，阶梯式发展是物质运动过程的一个规律性的表现，是马克思主义认识论的重要内涵。
关键词：阶梯式发展；成矿作用；成矿阶段

笔者看了朱训同志这篇重要的文章以后，一方面对他的老当益壮，锲而不舍的这种科学精神，以及为国服务的精神所感动。另一方面，被他的文章本身内容所启发。今天上午又听了很多领导和专家的发言，对笔者也很有教育，笔者现在就把从事的主要专业，即矿藏研究专业里面有关的一些阶梯式发展的实例和思考向大家做一些介绍，请大家批评指正。

笔者主要讲 3 个问题，第一，事物发展的阶梯式；第二，成矿作用中的阶梯式发展；第三，谈一下对阶梯式发展的几点认识。

学习了这个文章以后，笔者感到事物的发展确实是普遍的带有阶梯式，包括阶梯、阶段、台阶、节段、层次，这都是大同小异的一些概念。具体的有阶、段、届、节、层、期、世、代等。阶梯式或者阶段式的发展，在自然界或者社会界都有很多的实例，比如竹子、甘蔗、槟榔、高粱等，它们都是有阶段的。例如，恐龙、人类、很多脊椎动物，他们是有脊椎的，脊椎是有脊椎的阶段，一个一个的。例如，自然的四季、日夜，它们中间也是有阶段的。

海南盛产槟榔，而且槟榔的杆很细，它这个节段也很细。假如竹子、高粱、槟榔，如果没有节段，它们就是空心地往上长，显然是不牢固的，而正因为它一节一节的巩固下方，又为下方发展做基础，又一节节的生长，才可能在一定的环境里面生存、发展、壮大。所以，这些植物也是非常聪明的，它们能够适应这个环境。

人也一样，像恐龙有很多脊椎，有很多节，人的脊椎也有很多节，试想如果没有活动式的阶段式的脊椎，身体不可能灵活活动，不可能适应各种环境，不可能达到生存或者发展的要求。人从幼年到青年、中年、老年，教育从幼儿园一直到研究生，封建王朝的世代更替，人类社会的发展，地球历史的演变，它们都表现出一定的阶梯式。

楼房的楼梯，铁轨的枕木，没有铁轨的这一阶段一阶段的，根本不可能行车。钻探、钻井也是一节一节的往深处探。说到矿的问题，露天采矿，自然钻探也有阶段。例如，露天坦的煤矿，有台阶，是为了更好地把煤矿采出来，所以采取向下的台阶。

在探索矿产的过程中，也经常出现这种阶梯式发展的事例，因为地球它本身是一个复杂的系统。上午有老师讲从系统论的角度讲述了阶梯式，有很多启发。地球在研发的 46 亿多年的历史中，形成了各个层圈，从内核一直到水圈、生物圈、大气圈，它们都是阶梯式变化发展的，不过这个时间是相当长的，40 多亿年了。

在地球演化的过程中，在一定的环境中，成矿的物质经过各种地质作用，最后在一定的有利空间富集起来就形成了矿床，它在时间上跟空间上的分布是有规律的，而这个规律一定程度上表现为阶段性。例如，这次全球主要的金属矿藏，包括超大型的，用五角星表示，包括一般大型的，不同颜色是不同的元素组合。这些个矿藏在空间上是有分布，有层次的。在这个从空间分布的层次来看，从大到小，有成矿的全球系统，成矿巨系统，大系统，系统，然后进入国内以后，分成亚系统、子系统，这样逐级的缩小。然后在矿床的构造由全球构造一直到矿田构造，然后从全球成矿网络一直到矿田矿床，这是分层次的。在成矿演化的时间尺度上它也是分层次的，全球主要的成矿区一百万年为单位的话，从太古成矿期，一直到古元古代，一直到今天，也是逐步演化划分出阶段的。

至于成矿阶段划分主要的因素，根据专家的探索，有以下几个方面：第一是成矿元素的地球化学性质及丰度；第二是水圈、大气圈、化学组分的演变，特别是二氧化碳跟氧气，它们质变的这个阶段，也恰好是成矿期划分的一个依据；第三是生物圈的演变，比如海洋生物大量登陆以后，生物千姿百态，多样性、复杂性更突出地表现出来了；第四是大陆构造运动的演变，如古大陆的开合，反复地这样。所以这些因素的突变或者质变，是划分成矿期的主要依据。

从总体来看，全球成矿演化的过程，成矿物质矿种是由少到多，太古代，铁矿，金矿等，但是稀有元素在太古代非常少，本来就少，加上后来的各种技术变化改造破坏，这些矿也不存在了。但是大量的是在中新生代。矿藏类型是由简到繁，成矿的频率由低到高，成矿的强度由弱到强，总的是一个上升的、前进的、进步的、发展的这样一个演化的趋势。

由太古代到新生代，矿藏的数量是呈阶梯式的增长。具体到每一个矿床来说，金川矿床是世界上第 3 个大的镍矿床，是我们国家最重要的一个镍矿的基地。它形成矿床的模式是右边这个图，最深处的是蔓延的岩浆上行到地壳以后深部的岩浆房，中间这个是中间的岩浆房，到地上浅部，就会冷却以后，在这个过程里边，铜解矿体就形成了。所以它由深部的矿床岩浆到浅部矿床的形成是一个阶梯式的发展。笔者在20世纪50年代读研究生的时候，做河北大庙的矿床，根据笔者的工作把它划分了3个阶段，最右边是斜长岩，各种曲线是岩石的氧化物。中间这个是苏长辉长岩，开始有矿床是斜的，但是还没有完全形成矿床，到了最右边这个阶段，就不止形成了矿床，而且形成了贯入式的矿体，所以成矿床的演变有一个阶段性的显示，三个阶段的显示。

长江中下游地区，我们做的工作较多一些，跟当地的专家密切合作，这里边含矿主要是跟岩浆岩体有密切关系，它最深的地方是大的岩积，中间是岩浆柱，最上边是含矿的绿色的岩体。也显示了三层结构，由深到浅，由成岩到最后成矿一个阶梯式的表现。长江中下游它的矿床类型基本上三个，第一个是铜陵式的，以铁为主；第二个是大冶式的，以铜为主；第三个宁芜式的，以铁为主。而这样三套东西，一个大的系统里边，单个亚系统，它在时空分布上，大家看，显示了它的阶梯性，最左边的是铜陵式的，这个是时间尺度，由早到晚，这个是深度，由深到浅，最早的是铜陵式的，以铜为主的矿床。其次是大冶以铁为主的，最后是宁芜式的，每个亚系统里面还有矿床的类型，用不同的线来表示，它形成的构造背景是这样子的，很形象地显示出阶梯式，这是就一个矿床的亚系统，或者就一个矿床期来说的。

就一个矿床来说，比如一个夕卡岩成矿，成矿成岩也有一个阶段性，从早到晚，首先是夕卡岩阶段，有辉石、石榴石；其次是氧化物阶段，磁铁矿、赤铁矿；再次是硫化物阶段，黄铁矿、黄铜矿；最后是碳酸盐阶段，方解石、白云石。国内外的夕卡岩矿床都带有普遍性，而且显示出阶梯性，这是夕卡岩阶段的石榴石，很抛售的，石榴石的晶体结构是环带结构，大家可以看这里，这是一个晶体的氧化过程里边，它形成了环带，也显示了阶梯性。在宁芜铁矿成矿过程中，随着含矿流体、组分、温度、压力等的演变，成矿元素的种类也不断地发生着变化。开始是铁钛增长比较高温的一些元素组合，后来是铅锌铜，硫铜，最后是铅锌岩，这是第一个阶段。第二个阶段就单纯了，是金铜。从这里面也可看出这些成矿元素的组合，也显示出其具有一定的阶段性。

此外，云南西部河流砂锡矿的成因，这是一个坡面图，一个断面图，由于这个地方区域有个地方是隆升，然后河流是下切的，河流下切，早期阶段就造成了高低的这种阶梯。然后稳定了一段时间，又反复的循环式的，或者螺旋式的上升，又有第二个阶段攀升，如此循环往复，一直有6个台阶，现在是河床，所以这个阶梯式是向下的，但是时间演化上是从早到晚，从老到新的，同样有这种显示。

关于这些个问题，笔者在1997年的时候，在地学前缘，当时王鸿祯先生健在，他主持编这个传记，节律性，地球演化的节律性，他在各个侧面组织他的学生写了几十篇文章，其中笔者写的一篇文章《地史中成矿演化的趋势和阶段性》。这是从研究对象中，我们发觉或者认识到的一些节律性。对研究工作本身来说，对地质，矿产资源这样一系列的系统研究，也具有阶梯式性的。

我们首先是认识宇宙系统，进一步探索地球系统，然后在地球大系统里面我们研究成矿的系统，研究矿床的这些规律，更好地指导勘查工作，勘查工作的成果是开发利用一些矿产资源，它本身由广播的领域到逐渐精深，逐渐深入的探索这样一个阶梯性的。

笔者回顾了一下所研究矿床，也有一个阶梯的历程，从 20 世纪 50 年代末 60 年代初研究单个的矿床，后来研究矿床组合，研究矿床群体，将几个矿床结合起来研究，第三研究成矿系列，这个矿床群体它所处的地质构造环境跟它的演化过程，最后学习系统科学观点，用系统观点研究成矿的规律，这是成矿系统。大体上经历了由个体到群体，到区域的成矿系统，由矿床的表象，它的形状、规模各种外部的表象，进一步探索形成过程跟它的形成机理，认识某些规律性的东西。这个是很早做的一个片子，我为了准备这个会议，我把它拿出来一看，正好也显示了阶梯性。

对于成矿系统，我们有一系列的认识，将其概括成这样一个结构，首先是有成矿的要素，有成矿的物质来源，有流体、有能量、有空间、有时间。然后成矿要素，具备了条件以后，一定的环境底下它启动成矿作用过程，成矿的结果产生出各种矿床。然后矿床形成以后，又经过后来种种的变化，一部分矿床被破坏消失了，一部分矿床被保存下来了，而这些变化的过程，是随着它所处的地质构造环境的演变而发生的。所以这个过程概括起来，就是五部曲，即矿石的来源，矿石由生产状态向富集状态，把它运输，最后在合适的空间、时间条件下矿床形成，或者矿聚集起来了，后面经过了各种各样的变化改造，最后一部分矿床保存起来了，最后我们发现了开发。这种复杂过程概括起来，就是五个字——源、运、储、变、保。这种思想在业界大家都是比较认可的。希望对初学者来说，提纲挈领能够把握这些矿床的要点，特别矿床形成的变化跟保存，在过去人们谈得很少，现在把它作为五部曲的一个重要的后边两个阶段来说，这个对我们找矿，对于评价，对于采矿还是有意义的。

最后是对阶梯论的几点认识。第一点，阶梯论显示了事物向前发展的阶段性，在时间上是由早到晚、由老到新不断发展的；在空间上是向高、长、深扩展，如搞研究工作，怎么样能够进行更高层次的探索，怎么样能够看得更远，具有战略的眼光，这都是空间上的演化。它的本质、内涵是由量变到质变过程，由渐变到突变过程，体现着新旧的更替，由简到繁。阶梯式发展不仅是量变到质变过程，而且是均变到突变的过程，它是科学的、现代化的、通俗的一种表现形式，它具有重要的理论和实践意义。第二点认识，在自然界和社会界具有普遍性，它是物质运动过程的一个规律性的表现，也是马克思主义认识论的重要内涵。

　　阶梯论如本文讲的，它对研究地球科学有着重要的指导意义，大量的实例可以说明。最后笔者想补充一点感想，这个会议在中国地质大学北京校区来举行，有它深刻的历史意义，笔者是 1952 年参加建校的，在这里工作 60 多年了，学校很荣幸，有两个著名的校长提倡教职员工学哲学，高元贵老院长，1958 年来学校主持工作以后，就带领教职员工，特别是教师，要好好地学哲学，重点是学两论，学实践论、矛盾论，并用它来指导教学，指导科研工作，学校的年轻教师也是比较认真地学，也尝试着应用，对教学科研工作有着重要的指导和推动作用。另外一位校长就是朱训同志，他是提倡找矿哲学，提倡用认识、理论、再实践，再理论来认识客观事物，从哲学的高度来认识各种地学科学的这些内涵。后来在他指导关怀下成立了地质哲学研究所。所以笔觉得地质大学的老师和同学们应该珍惜这样一个好的传统，应该逐步地、自觉地让马克思主义哲学，特别是辩证唯物主义指导我们的研究工作，这样使我们像朱训同志那样更好地为祖国多做贡献。

　　（翟裕生：中国科学院院士、中国地质大学（北京）原校长）

从阶梯式发展论看朱训同志的创新思维

刘增惠

摘要：阶梯式发展论揭示了事物发展具有随时间从一个台阶前进到另一个台阶的属性。这种属性广泛存在于自然、思维和社会领域中。阶梯式发展论体现了朱训同志的创新思维，二者的形成过程是一致的。阶梯式发展论的创新思维表现为理论思维创新和认识路径的创新。建设创新型国家的前提是思维创新，所以，阶梯式发展论的创新思维对建设创新型国家具有重要意义。

关键词：阶梯式发展；创新思维；创新型国家

朱训同志提出的阶梯式发展理论既是一个新的理论，又体现了朱训同志的创新思维，它新颖地把传统与创新相结合、继承与发展相结合，并由此产生了有社会意义的思维成果，为解决实际问题提供有效思路。研究阶梯式发展理论所体现的创新思维，对建设创新型国家具有重要的理论意义和实践意义。

一、阶梯式发展理论的基本内容

阶梯式发展论作为一个新的理论，是人们关于事物知识的一种理解和论述，自从朱训同志提出这个理论以来，在朱训同志和各位学者的努力下，阶梯式发展论日臻成熟，已形成了概念体系，具有了对客观世界和主观认识的强大的解释力。阶梯式发展论的内涵就是指事物发展具有随时间从一个台阶前进到另一个台阶的属性。这种属性广泛存在于自然、思维和社会领域中。阶梯式发展论不仅反映了客观物质世界运动和人类主观认识运动发展的规律，而且反映了人们的主观认识来源于客观物质世界，体现了存在决定思维和意识对于物质的反作用这一辩证唯物主义的基本原理[1]。

阶梯式发展论有如下特征：第一，阶梯式发展是一个非线性的、前进的运动过程。第二，阶梯式发展之间都是质的飞跃，从一个台阶前进到另一个台阶都是一个量变到质变的过程。第三，阶梯式发展在认识的每个阶段上都包含"实践—认识—再实践—再认识"的循环与深化过程。

阶梯式发展论认为，阶梯式发展形式与马克思主义经典著作中论及的"螺旋式上升"和"波浪式前进"这两种事物发展形式既有共同之点，也有不同之处。

其共同点是三者皆具有"曲折性与前进性相统一"的特点；不同之处在于阶梯式发展总体上没有"波浪式前进"形式中的那种"波峰"与"波谷"之分，而只是在台阶内部出现有小的波动，也没有"螺旋式上升"形式中那种"前进式上升"与"复归式上升"之分。更为重要的一点是，"阶梯式发展"较"螺旋式上升"和"波浪式前进"是客观事物发展过程中更为广泛与常见的一种形式。

阶梯式发展论认为，客观事物的发展都是一个过程，任何一过程都是要划分阶段的，阶段的划分既要考虑阶段之间的联系，又要分清各个阶段之间质的区别，要准确地把握每一个阶段的性质，弄清每一个阶段的任务，在此基础上采取针对性的方法、措施一步一个台阶地推进事物的发展。

阶梯式发展论还认为，"跨越式发展"也是客观物质世界运动的一个形式，可以通过创造各种主、客观条件来缩短台阶间的距离，实现有限度的跨越。但实践表明，在一般情况下，阶段是不可跨越的，任何不顾主、客观条件就试图省略和跨越阶段的做法，都会违背客观规律，在认识和实践中出现盲目性和偏差。

阶梯式发展理论具有重大的实践意义。阶梯式发展论告诉我们，人的认识来源于实践。人的认识之所以能够一个台阶一个台阶地上升，是实践、认识、再实践、再认识的结果，是唯物辩证法所揭示的量变与质变规律的体现。所以要认识客观世界，改造客观世界，都要进行充分的实践。

二、朱训阶梯式发展论创新思维形成的过程

朱训同志早年留学苏联学习地质勘探，回国后长期在江西从事地质勘探工作，为新中国的找矿事业做出了重大贡献，特别是成功主持德兴铜矿勘探会战，使德兴铜矿经过勘探会战扩大成为世界级规模的特大铜矿。德兴铜矿会战的成功，连同先前勘探的东乡富铜矿和永平大型铜矿为建设我国最大的江西铜工业基地提供了资源保障。在实际工作中，朱训同志表现出勤于思考、善于思考，不迷信理论、不迷信权威的思维特质。在德兴铜矿会战中他发现，德兴铜矿铜的来源并不是像国外典型斑岩铜矿那样是单一来源，而是双来源，同时提出德兴斑岩铜矿具有不完全与国外铜矿相同的成矿模式。这在当时是一个全新的理论观点，对后来的找矿和研究具有重要的启示意义。朱训同志在苏联留学时所学的专业是地质勘探，但是，他却对马克思主义哲学抱有浓厚的兴趣，据他自述，在20世纪50年代后期便尝试运用唯物辩证法总结找矿经验与探讨矿产勘查问题[1]。经过几十年的探索与研究，终于创立了"找矿哲学"这一马克思主义哲学的分支应用学科，开辟了一个新的研究领域。

阶梯式发展论最初是作为找矿哲学的一部分被提出来的。1991年朱训同志

在中央党校学习期间，运用马克思主义哲学基本原理总结了我国矿产勘查工作活动规律，创立了找矿哲学，同时也创立了阶梯式发展论。当时，我国的矿产勘查过程分为普查、详查、勘探这3个既相互衔接又具有不同任务要求的阶段。它的发展形式是呈台阶式的，随着从普查向详查再向勘探的推进，勘查的程度就一个台阶又一个台阶似地逐步深入，地质勘查人员对矿产地质情况的认识也如攀登阶梯似地一个台阶一个台阶地逐步提高。2003年1月1日开始实施的《固体矿产地质勘查规范总则》规定，我国将矿产勘查工作分为预查、普查、详查、勘探4个阶段。而且地质勘查呈台阶似地进展在全世界都具有普遍性。矿产勘查过程呈台阶式的发展特点与马克思主义经典著作中论及的"螺旋式上升"和"波浪式前进"这两种发展形式不尽相同，是一种客观存在但未被人们认识的新的发展形式。朱训同志将他对这一问题的深刻思考撰写成《"阶梯式发展"是矿产勘查过程中认识运动的主要形式》一文，先后在中央党校内部刊物和《自然辩证法研究》杂志上发表。尔后，又作为一节纳入他的《找矿哲学概论》专著中，于1992年公开出版。阶梯式发展论就这样诞生了。在1991年的文章中，朱训同志特别指出，"阶梯式发展"这一认识的运动形式可能不限于矿产勘查过程，对某些其他领域也可能是适用的。

在阶梯式发展论提出之后的20年中，朱训同志一直致力于推进找矿哲学作为新学科的整体发展，而对于阶梯式发展论没有作专门的研究和阐述。但是，对于自然界、思维和人类社会发展的阶梯式特征的观察却始终没有停止。近些年来，我国的经济社会建设在取得巨大成就的同时也存在着不少问题，其中一个突出的问题就是"贪大求快""急躁冒进"和发展模式"同质"化严重。例如，许多地方盲目建什么"国际化大都市"，打造某某"世界中心"，不考虑自身原有的基础和条件，完全忽视阶段式发展的规律。针对这些问题，朱训同志认为应该有不同的思路，用新的理论帮助解决经济社会建设中出现的问题，而最有解释力的，最有指导性的新理论就是阶梯式发展理论。于是经过深入思考，朱训同志撰写了《阶梯式发展是物质世界运动和人类认识运动的重要形式》一文，发表在《自然辩证法研究》2012年第12期上，深入全面地阐述了阶梯式发展理论。这是一篇总论，在马克思主义哲学的指导下，对自然界、人的思维和社会发展的阶梯式特征进行了深入的阐述，使阶梯式发展理论建立在马克思主义哲学坚实的理论和实践基础之上。

在阶梯式发展理论的总论确立以后，朱训同志又撰写了一系列文章，就阶梯式发展论在经济社会发展、自然科学等领域的应用展开了论述。在经济发展方面，朱训同志在全面分析了1949年以来的中国经济建设总体情况以后指出，尽管在不同时期面临着不同的新情况和新任务，发展的过程和解决的矛盾也不尽相同，但是无论哪个时期，哪个阶段，我国的社会主义经济建设都是在一步一个台阶地呈阶梯式发展[1]。

在成矿作用方面，朱训同志指出，阶梯式发展在成矿作用过程中也是常见的一种地质现象。例如，江西乐平花亭大型锰矿的阶梯成矿、赣南钨矿"五层楼"成矿模型、湖北大冶铜绿山铜铁矿阶梯式成矿、江西永平铜矿的阶梯式成矿、山东胶东地区金矿阶梯式成矿。运用阶梯式成矿模式指导找矿有3种途径：一是根据已知浅部台阶追索深部台阶；二是根据"缺位效应"指导找矿；三是根据成矿模式原理进行预测指导找矿[2]。

在矿业城市转型方面，朱训同志指出，矿业城市是因勘查开发矿产资源而兴起和发展起来的城市，是历史的产物。矿业城市所拥有的资源总有一天会枯竭，这是不以人们的意志为转移的客观规律。为了避免"矿竭城衰"，就要调整产业结构，发展非矿产业，推进城市转型。就矿业城市转型的路径而言，按照阶梯式发展理论的观点以及矿业城市转型的进展情况，矿业城市转型过程可以划分为5个阶段：第一，单一矿业经济型城市，为矿业城市发展的初始阶段，矿业在产业结构中的比重约占90%以上或更多一些；第二，矿业经济主导型城市，这类城市的转型正在进行，非矿产业有一定的分量，但矿业经济在整个经济中的比重仍占60%或更多一些的主导地位；第三，多元经济型城市，这类城市已经形成几个与矿业产业平起平坐的非矿支柱产业，矿业经济在整个经济中的比重下降到30%以下；第四，综合经济型城市，这类城市中非矿产业已占绝对主导地位；第五，文明和谐生态型城市，实现了"矿竭诚荣"的最终目标[1]。

在工程活动方面，朱训同志指出，工程活动是指运用物质、人力、知识、技术、信息、设备经费等资源，建立能产生预期效果的实体。工程活动的过程一般包括五个基本阶段：首先是工程理念和决策，这是工程活动的先行阶段，它的主要任务是解决要不要实施某项工程的问题，因而这个阶段可以说是工程活动的基石；其次是工程规划和设计，这是工程活动的初始阶段；再次是工程实施，这一阶段是把工程决策、工程设计从认识转化为实践。由认识到实践，是一个质的飞跃；第四是工程评估，这一阶段涉及工程建设的一切方面和所有阶段；最后是工程更新与改造，依据评估结果对工程进行改建，以提高生产效率和产品质量[3]。

综上所述，朱训同志阶梯式发展论创新思维形成过程经历了一个由具体到抽象再到具体的发展路线，这正是马克思主义辩证思维方式之一。从具体的领域出发，上升到抽象思维，再回到具体的领域。

三、阶梯式发展论创新思维的特征

思维是什么，众说纷纭，解释多样，根据《现代汉语词典》的定义，思维是指在表象、概念的基础上进行分析、综合、判断、推理等认识活动过程，也就是我们通常所说的理性认识活动。思维为什么重要，因为思维有许多的样式，每一种思维样式都是主体认识、把握客体方式的定型化运用，它可以屏弃、过滤掉许多无用的信息，大大提高人们的学习和工作效率。依据不同的标准，可以对思维作多种分类。例如，可以把思维分为概念思维与形象思维；演绎思维与非演绎思维；逻辑思维与非逻辑思维；传统思维与创新思维；等等。

思维的内容来源于生活，不同的思维方式反映了不同的生活方式，如果思维方式适应时代的发展，则特别有益于解决现实问题；反之，如果思维方式滞后于生活方式的变化，则明显成为社会进步的阻碍因素。20 世纪 80 年代初钱学森倡导建立思维科学，其目的就是要寻找更具实效性的思维方式，转变我们的思维，使中华民族在新时代更富有创造力。自那以后的 30 多年来，随着时代发展的需要，人们对思维方式的探讨一直没有中断过。今天，党和政府提出了建设创新型国家的任务，创新思维成为人们探讨的热门话题。

创新是指人们为了发展的需要，运用已知的信息，不断突破常规，发现或产生某种新颖、独特的有社会价值或个人价值的新事物、新思想的活动。创新的本质是突破，即突破旧的思维定势，旧的常规戒律。创新是人类特有的认识能力和实践能力，是人类主观能动性的高级表现形式，是推动民族进步和社会发展的不竭动力。一个民族要想走在时代前列，就一刻也不能没有理论思维，一刻也不能停止理论创新。

创新思维是指以新颖独创的方法解决问题的思维过程，通过这种思维能突破常规思维的界限，以超常规甚至反常规的方法、视角去思考问题，提出与众不同的解决方案，从而产生新颖的、独到的、有社会意义的思维成果。

阶梯式发展论创新思维首先表现在理论思维的创新。第一，揭示了阶梯式发展是客观物质世界运动的一种重要形式，从而丰富了马克思主义关于物质世界运动发展规律的学说。马克思主义认为，客观物质世界受三大规律的支配。三大规律在总体上揭示了客观物质世界发展的基本形式和方向。阶梯式发展论在三大规律的基础上，揭示了客观物质世界运动的又一种重要形式，这不单单是把马克思主义关于物质世界运动发展规律的学说进一步具体化，而是在某种程度上揭示了客观物质世界发展的新的奥秘，加深了我们对物质世界运动的认识和理解。第二，阐明了阶梯式发展是人类认识运动的一种重要形式，从而丰富和发展了马克思主义认识论。阶梯式发展论为我们打开了观看客观世界的又一扇"窗户"，借助这扇"窗户"，我们可以看到"窗"更多的美景，将会获得更多的发现。第三，阶梯式发展为我们提供了认识世界和改造世界的一个新工具。一方面，它揭示了客观物质世界和人类认识运动的重要形式，为我们提供了认识世界的一个新工具；另一方面，它揭示了客观世界和主观认识许多规律性的东西，为我们实际工作提供了指导原则和基本思路[4]。

阶梯式发展理论的思维创新还表现在认识思维的创新，它为我们提供了认识世界的新路径。第一，在任一时间段内，任何事物的发展水平总是低于其预期值，因而事物发展到一定阶段必然发生跃迁或消亡。因此，无论是自然界、人类思维还是社会领域，阶梯式发展都是事物发展的普遍规律。它在时间坐标上表现为阶段性，在空间坐标上表现为台阶性。第二，阶梯的划分具有时间尺度依赖性。因而阶梯式发展具有内嵌的自相似结构。阶梯内具有震荡式稳定发展路径，阶梯间则表现为事物发展的跃迁。就确定性的事物发展路径来说，阶梯可以无限细分，但不可逾越。当阶梯被无限细分时，每一阶段的事物发展路径就相当于两段曲率不同的曲线的联合，但阶梯依然存在。第三，阶梯式发展要求一定的能量驱动机制，这种能量可以来自系统内部，也可以来自周边环境。但是，只有能量输入数量和速率达到某种（克服能障的）临界值时，才可能发生阶梯的跃迁。第四，阶梯的跃迁包含着建设性和破坏性两个方面，阶梯的尺度太小或太大都要支付大的成本，因而合理标度阶梯的尺度是可持续发展的关键。第五，事物与环境的相互作用可分为三类：弱相互作用、适度相互作用和强相互作用。当事物与环境发生强相互作用（高能量供给或发现捷径）时，可实现跨越式发展，后者是阶梯式发展的一种特殊形式。

创新的前提是批判，是质疑，也就是不盲目跟风，不人云亦云。现在人们一说到发展，就主张要快，要实现"跨越"式发展，恨不得一口吃成个胖子，总之，都想"抄近路"。朱训同志依据阶梯式发展理论，指出"阶梯式发展是实现科学发展的重要方式""阶梯式发展是实现中国梦的科学发展方式"，告诫人们要认清历史和现实，建设社会主义不能违背发展的规律。这个规律长期被人们忽略了，湮灭在一片鼓噪喧嚣之中，把这个规律发掘出来就是创新思维的体现，它就是阶梯式发展规律。它提倡不走捷径，抄近路虽然快，但基础不牢，做的东西不够扎实。

四、阶梯式发展论创新思维对建设创新型国家的重要意义

2006年1月9日，时任国家主席的胡锦涛同志在全国科技大会上宣布，中国未来15年科技发展的目标：2020年建成创新型国家，使科技发展成为经济社会发展的有力支撑。同年国务院颁布了《国家中长期科学和技术发展规划纲要（2006—2020）》，提出到2020年，我国要进入创新型国家的行列，为在21世纪中叶成为科技强国奠定基础。2012年7月6日，全国科技创新大会在京召开，胡锦涛同志在会议上发表的讲话中强调，科技是人类智慧的伟大结晶，创新是文明

进步的不竭动力，重申了到 2020 年基本建成中国特色国家创新体系，进入创新型国家行列的目标。2014 年 6 月 9 日，习近平同志在中国科学院第十七次院士大会、中国工程院第十二次院士大会上的讲话指出，科技是国家强盛之基，创新是民族进步之魂，提出实施创新驱动发展战略，建设创新型国家。

建设创新型国家，就是要将科学技术创新作为国家发展的基本战略，大幅度提高自主创新能力，主要依靠科技创新来驱动经济发展，以企业作为技术创新主体，通过制度、组织和文化创新，积极发挥国家创新体系的作用，形成具有强大国际竞争优势的国家，成为创新型国家。当前我国建设创新型国家有着深刻的历史时代背景，第一，科技创新与产业变革的深度融合是当代世界最为突出的特征之一；第二，科技竞争成为国际综合国力竞争的焦点；第三，我国已具备建设创新型国家的科学技术基础和条件。建设创新型国家是提升我国综合国力，使我国的科技发展水平走在世界前列，实现中华民族伟大复兴的重要步骤。

建设创新型国家，核心就是提高我们的自主创新能力，因此要大力推进理论创新、制度创新、科技创新。而所有这些创新的前提是思维创新。阶梯式发展论就是重要的思维创新，它为我们的一系列创新开辟了新思路。阶梯式发展论之所以重要，最关键的原因在于人的认识本身的局限性。人们总想放眼望去，一览无余，毕其功于一役。但是事实总是证明，这只是人们的美好愿望而已。把不同阶段、不同层次的事物放在一起观察，你看到的只能是表面现象，发现不了有意义的问题，只有完成了一个阶段的任务，解决了已有的问题，你才能发现新的问题。我们以爬山做比喻，你眼前看到的山对你来讲就是最高的山，等你爬到山顶或接近山顶时，你才能感觉到"山外有山"，才能看到更高的山。持跨越式发展主张的人也许会说，我们可以使用飞行器，一下子升到空中，就可以把山川大地尽收眼底。但是，坐飞行器永远不能代替爬山，人自身的问题，"山"存在的问题，还需要人一级、一级的去登山，才能真切发现，并拿出切实解决问题的方法。

阶梯式发展论首先提倡勇于创新。阶梯式发展论告诉我们，客观事物发展不能也不会永远停留在一个台阶水平上，必然要向更高的台阶攀升。而推动和加速事物向更高台阶攀升的最重要的动力因素就是创新。胡锦涛同志于 2012 年 7 月 6 日在全国科技创新大会上的讲话中指出："创新是文明进步的不竭动力"。正是人类勇于创新，才使人类文明从原始文明到农业文明、工业文明、再到生态文明，一层层的进步，一级级的更替。人类文明进步的动力是创新，一个国家、一个民族的发展，都离不开创新。阶梯式发展论又主张循序渐进式创新。阶梯式发展论告诉我们，客观事物发展也好，人们的主观认识也好，都是遵循一个台阶一个台阶似的逐步上升与发展的。阶梯式发展论体现在工作方法上即为"循序渐进"的规则，概括起来就为一句话：必要的工作阶段只可适当缩短，不可跳跃。

最后阶梯式发展论又主张反思式创新。阶梯式发展论认为，认识运动的每一个台阶内部并不是"平滑"的，而是还会有小台阶和一些波动。这就要求我们及时进行反思，认真总结经验，发现问题，查找不足，巩固成绩，发现亮点和创新点。每一次总结都会是一个进步，都会使人们的认识上升到一个新的小台阶，都使人们的认识离"飞跃"和上升到更高的台阶更近了一步。台阶不能跨越，但是可以缩短，及时总结经验就是缩短台阶之间距离的最好方法之一。

（刘增惠：中国地质大学（北京）副教授）

参 考 文 献

[1] 朱训. 找矿哲学概论. 北京：地质出版社. 1992.

[2] 朱训. 要重视阶梯式成矿模式的研究与运用. 中国经贸导刊，2015，（22）：19-20.

[3] 朱训，梁磊宁，雷新华，等. 阶梯式发展是实施工程活动的重要方式. 工程研究–跨学科视野中的工程，2013，5（4）：327-334.

[4] 朱训. 阶梯式发展是物质世界运动和人类认识运动的重要形式. 自然辩证法，2012，（12）：1-8.

地质演化的前进性和阶段性

李廷栋

摘要：地质科学是一门探索性很强的科学、是全球性的科学、是充满了辩证唯物主义哲学的科学。地球的发展演化总趋势是前进式的又是分阶段的。中国地质构造的发展以阜平运动、吕梁运动、晋宁运动和印支运动的构造运动为界，将中国东部地质构造历史划分为五大阶段。在地质历史上，生物的演化也是渐变和突变交替出现的。这是从一个台阶上升到另一个台阶，从量变到质变的过程。

关键词：地质科学；地质演化；生物演化；前进性的阶段性

上午很多专家所谈的，由朱训同志运用马克思主义的哲学观，结合着地质构造演化的规律，提出的"阶梯式发展理论"，他认为阶梯式发展是一个非线性上升的前进的运动过程；是从一个台阶上升到另一个台阶，从量变到质变的过程。这是贯彻"科学发展观"的理论探索，是符合科学发展观的要求的。我们仅就地质构造发展演化的有关问题谈点看法，与大家共同探讨。

一、地质学科的主要特点

首先我们知道地质科学是一门探索性很强的科学，恩格斯曾经说："地质学按其性质来说主要是研究那些不但我们没有经历过，而且任何人都没有经历的过程。所以要挖掘出最后的、终极的真理就要费很大的力气，而所得是极少的"。探索它的另一个原因是，地质学研究的对象主要是地球，而地球是一个十分复杂的球体，其组织结构及其发展演化的历史都极其复杂。人类对地球研究探索几个世纪，仍有许多问题限于一知半解。

地质科学的第二个特点，它是一门全球性的科学。地质科学的根本任务是研究地球、认识地球，并利用这种认识去管理地球和保护地球，以保障人类生存和可持续发展的自然资源的供给和优化人类居住的环境。板块构造为地质科学的发展提供了全球研究的框架，推进了地质科学向全球化方向发展，树立了人们的全球观。通过一系列国际合作项目的实施，已经初步建立了全球岩石圈结构、构造和演化的基本认识，为地质科学向地球系统科学方向发展奠定了基础。

地质学的第三个特点，它是充满了辩证唯物主义哲理的一个科学。科学的地质学是在与"神创论"的斗争中发展起来的。中世纪的欧洲,地质学被神权统治着。从 17 世纪中叶开始,笛卡尔、莱布尼兹、布丰等为代表的科学先驱先后提出地球演化和起源的学说,逐渐攻破了"上帝创造地球"的唯心主义观点。

19 世纪上半叶的"灾变论"和"均变论"之争,把进化论带进了地质学。1809 年,法国生物学家拉马克第一个对"物种不变论"提出挑战,半个世纪以后,达尔文的《物种起源》发表,经过一场大论战之后,进化论几乎赢得全世界,获得科学界的普遍认同。地质学所研究的陆地与海洋、侵蚀与沉积、隆起与沉降、建造与改造,以及突变论与均变论、水成说与火成说等,都是矛盾对立的统一,都蕴含着丰富的哲理。矛盾着的对立的双方互相斗争的结果,无不在一定条件下互相转化。也就是说地质过程的很多方面都是充满了矛盾,互相矛盾的斗争。比如说一些地方今天被侵蚀,在另外的地方进行了沉积等等,发展就是这样一个过程。

二、地质发展演化的前进性和阶段性

我们地球是一个"活"的星球。地球上有大气、水、生物,还有火山、地震等。地球在其发展演化的 46 亿年的漫长岁月中,经历了多次沧桑巨变,由原始的"混沌"状态逐渐形成具有明显圈层结构的球体:大气圈、生物圈、水圈、岩石圈。固体地球又分异为地壳、上地幔、软流圈、下地幔、地核等。

尽管地球的发展演化十分曲折、复杂,但总的发展趋势是前进式的,又是分阶段性的。恩格斯说:"在地球上,运动分化为运动和平衡的交替:个别运动趋向于平衡,而整个运动又破坏个别的平衡"。地壳运动,不论在时间还是空间上发展都是不平衡的。有时处于相对平衡的状态,表现为长期缓和的运动;有时处于显著变动的状态,表现为急促强烈的运动,并且总是由长期缓和的运动转化为急促强烈的运动,引起地壳演化上的飞跃。这就是说,强烈的地壳运动即我们常说的构造运动并不是在地质历史上连续不断发生的,而是在某些时代特别强烈。地壳运动的每一次飞跃,都给地壳带来质的变化,使地质的发展显现出阶段性来。这就是说我们地质的演化确实是逐渐前进的,但是又是分阶段的。

我们中国地质构造的发展情况,我们以最早的阜平运动、吕梁运动、晋宁运动和印支运动 4 个期比较大的构造运动为界,可以把中国东部地质构造历史划分为五大阶段,这五大阶段就是这里所说的,首先是前阜平阶段,就是 25 亿年之前的这个阶段,然后是 25 亿到 17 亿年阜平和吕梁之间的阶段,后来经过吕梁运动,以后就进入到吕梁和晋宁发展阶段,8 亿年到 10 亿年,又是一个相对平衡中间的发展过程,后来又进入到晋宁印支阶段,以后又是后印支阶段。

　　每个发展阶段，都具有不同的沉积建造、岩浆建造，具有不同的生物群落和不同的地质事件。总体上是一个由简单向复杂、由低级向高级发展的过程。中国地质构造发展演化经历了一个缓变也就是平衡发展到突变，就是平衡间断，这样一个交替的发展过程。

　　我们再看青藏高原的隆升，大家知道青藏高原的隆升是我们这个地球最伟大的一次改造事件，也就是从白垩纪末期以来，由于印度板块与欧亚板块的碰撞拼合和挤压，青藏高原的隆升经历了一个抬升与剥蚀的消长平衡、构造抬升与均衡隆升更迭、缓慢隆升与快速隆升交替的复杂隆升过程，也经历了一个前进式的多阶段隆升过程，我们把青藏高原隆升划分为 3 个阶段，也有将共划成 4 个阶段，不管怎么样，都是分阶段的。比如从青藏高原来看，我们划分的第一个阶段叫做俯冲碰撞隆升阶段，这个阶段是由印度板块向北的俯冲、挤压使冈底斯地体隆升并形成岛弧型火山–深成岩带，其南麓形成"冈底斯磨拉石带"，这个时候冈底斯山海拔高度就达到了 1000～1500m。

　　这个阶段完了以后，经过一段相对平衡的演化阶段，最后进入汇聚挤压隆升阶段。从始新世末期以来，印度板块持续向北推挤及北部刚性地块的阻挡，使高原地壳大规模缩短、加厚，高原持续缓慢抬升；喜马拉雅地区出现大规模冲断、推覆构造及淡色花岗岩的侵入；高原内部形成山、盆相间的构造格局，中新世末期，高原形成一个准平面，海拔为 1000～1500m。

　　第三个阶段为均衡调整隆升阶段。自上新世开始，由于重力均衡调整作用，高原进入以大幅度整体隆升为主的新阶段，在高原周边形成巨厚磨拉石沉积。在喜马拉雅山南缘形成了 2000km 长的磨拉石带。另外在塔里木盆地南缘河西走廊也形成了磨拉石带，这也是一个不断有渐进式的隆升到强烈隆升的发展过程，即也是一个阶梯式的发展过程。

三、生物演化的渐进性和突变性

　　第一个问题，古生物学研究表明，生命运动是世界上最复杂的运动。恩格斯在《自然辩证法》里说："不仅整个地球，而且地球今天的表面以及生活于其上的植物和动物，也都有时间上的历史"。

　　达尔文的《物种起源》"第一次从生物变异—自然选择—物种形成—生物演化逻辑系列中成功地论证了生物与自然环境的对立统一"。认为"所有物种都曾经历过某些变化""新种是陆续慢慢地出现的""各物种变化的速度互不相同，有快有慢。物种一旦灭亡，即不再重现，此即生物演化的不可逆性"。

　　近年来的研究说明：生物演化是渐变和突变交替出现的，也就是说在生物演变的漫长过程中出现过多次大大小小的突变事件，亦即所谓的"间断平衡"。

从地质历史上的生物灭绝事件我们可以看出：在地球历史上，曾发生多次生物灭绝事件，其中大的生物灭绝事件发生在寒武纪末、泥盆纪末、二叠纪末和白垩纪末。其中以二叠纪末及白垩纪末的生物灭绝最为惨烈。

在石炭—二叠纪时期，地球上生物十分繁盛，包括原始爬行类、两栖类、珊瑚、海百合等海洋生物及大量植物，到二叠—三叠纪之交，大约在2.5亿年，绝大部分物种消失，海洋只剩下了一些贝壳类的生物，陆地只剩下一些灌木和蕨类，大量的都消灭掉了。

白垩纪的时候，海陆生物有2868个属，经过白垩纪末的生物灭绝事件，到古近纪和新近纪的时候，早期只剩下1502个属，也就是说48%的生物属灭绝了，最著名的恐龙灭绝事件就出现在白垩纪末期。

至于生物灭绝的原因众说纷纭，有陨击说，当时有陨石撞击地球，火山爆发，满天都是乌云，最后导致火山爆发，造成植物大量灭亡，植物灭了以后，动物没吃的，慢慢的动物也灭绝了，说法很多，还有火山说、冰川说、干旱说、高温说等，不管怎么样，生命的演化从历史上看，是从渐变到突变发展变化交替的过程。

我们再看地质历史上生物的创新实践。在地质历史时期，生物界有过多次"生物创新"事件，也叫做生物大爆发，代表生物的"跃进式"的发展，地层古生物界称之为"生命大爆发"。最著名的"生命大爆发"事件发生在5.3亿年前后的寒武纪早期的"澄江动物群"。这个在我们国家发育得特别好，非常著名。也就是说在短短的几百万年时间里，对人类历史是很长了，对于地质历史是很短暂的一个时段了，就迅速爆发出绝大多数动物门类。这一时期既有原口动物，包括各类节肢动物门、腕足动物门、软体动物门、环节动物门等，也有现生后口动物门类，包括脊索动物门、半索动物门、棘皮动物门等。同时也创生了一些灭绝动物门类，如古虫动物门、叶足动物门等。根据统计，"澄江动物群"现在已经发现了大概200个物种，除了几个藻类的，有177个属和193个动物种，分属16个动物门类。

最后结束语，"自然界是检验辩证法的试金石"，"自然科学为这种检验提供了极其丰富的与日俱增的材料，并从而证明了，自然界的一切归根到底是辩证地而不是形而上学地发生的"。我们加强对地质学的研究，将为检验和发展辩证法提供更多材料，做出更大贡献！我们中国的情况，在这方面更有有利条件，因为我们中国的地质构造十分复杂，而且某些地方现象又非常特殊，是世界其他地区罕见的，甚至是绝无仅有的。所以，我们国家的地质研究，不但可以为我们国家经济社会的可持续发展做出贡献，为减轻自然灾害做出贡献。而且对地质科学理论也会做出重大的贡献，因此笔者让我们的学生一块儿讨论，就是要鼓励他们学习哲学，学习辩证唯物论，用辩证唯物论和我们地质科学研究相结合，把我们地质研究搞得更好，搞出一些创新性的科学成果，使我们国家从地质大国变成地质强国，为我们国家的经济社会的发展做出贡献，为地质科学的发展做出贡献。

（李廷栋：研究员、中国科学院院士、中国地质科学院原院长）

阶梯式发展与生命进化

朱 训 雷新华 欧 强

摘要：阶梯式发展的哲学思想最早来源于 1992 年朱训对矿产勘查实践的总结[1]，并用于指导矿产勘查中的实践和认识。后来发现，阶梯式发展规律还普遍存在于我们人类社会活动和客观物质世界运动乃至日常生活之中[2]。本文从化学进化、多细胞生命起源、寒武纪生命大爆发、人类起源这 4 个里程碑式的重大生命演化事件来论述地球生命进化的历程，从一个大的角度印证了所提出的阶梯式发展规律，并有力地证明阶梯式发展是地球生命进化的重要形式。因此，阶梯式发展论对于我们认识客观物质世界的发展规律有着重要的理论意义和实践意义。

关键词：阶梯式发展；生命进化；多细胞生命起源；寒武纪生命爆发；人类起源

地球诞生于距今 46 亿年左右，其生物圈则经历了约 35 亿年的漫长演化历史。从最早出现的单细胞原始生命——蓝菌，演化到当今种类极其繁多、数量无比庞大的生物五大界（原核生物界、原生生物界、真菌界、植物界和动物界），经历了多次关键的阶梯式演化过程——既包括长期的渐变（演化的缓坡式发展），也包括短期内发生的突变（演化的飞跃或阶梯式发展）。

笔者认为，阶梯式发展是生命进化的重要形式：①生命进化具有从低等到高等、从简单到复杂的整体趋势，经历了多次重大集群绝灭事件和爆发崛起事件，因此它是一个前进的、曲折的、变速的演化发展过程，是前进性和曲折性的统一；②在生命进化的阶梯式发展过程中，各演化阶段之间存在质的飞跃，是一个从量变到质变的演化过程。

本文将从地球早期环境中的化学进化、多细胞生命的起源和进化、寒武纪生命大爆发及人类的起源这 4 个里程碑式的重要演化事件来论述地球生命进化是一个前进性和曲折性统一的发展过程，具有阶梯式发展规律的基本特征。

一、化学进化的阶梯式发展模式

化学进化（chemical evolution）是在原始地球条件下，无机物逐渐演变为原始生命有机体的过程。当地球的外部圈层发展到可以划分为岩石圈、水圈、大气圈的时候，地球被缺氧的大气层所包围，火山喷发剧烈而频繁，岩浆活动无处不在，地表遭受陨石等小天体的密集撞击及宇宙紫外线的强烈辐射。这些事件为化合作用提供了重要的能源。正是在这样的条件下，化学进化在不断进行。

化学进化包括无机小分子形成有机小分子、有机小分子聚合为生物大分子等关键演化阶段。其中，地球生命化学进化的最初始过程——从无机小分子发展到有机小分子——已被无数次模拟实验所证实。该过程最早由美国芝加哥大学的史丹利·米勒（Stanley Miller）与哈罗德·尤里（Harold Urey）于1953年完成（即著名的米勒–尤里实验），它被视为关于生命起源最著名的经典实验之一。在此实验中，米勒将水（H_2O）、甲烷（CH_4）、氨（NH_3）、氢气（H_2）与一氧化碳（CO）密封于两个无菌的烧瓶内，并通过玻璃管将其连结形成一个回路。通过加热其中一个烧瓶中的海水（到100℃）形成蒸汽，并将另一个烧瓶中的电极通电使之产生电火花来模拟闪电。实验进行一周后，他们观察发现，有10% ~ 15%的碳以有机化合物（有机小分子）的形式存在。其中2%属于组成蛋白质基本单位的氨基酸；糖类、脂质与一些其他可构成核酸的原料也在实验中形成；而核酸本身，如DNA或RNA等（生物大分子）则未出现[3]。

米勒等合成了氨基酸后，各国科学家纷纷着手涉及并开展模拟实验，试图制造蛋白质和DNA。然而，科学家在生命起源以前的模拟环境中进行了数千次试验，却均以失败告终。那么第一个蛋白质分子和第一个核酸分子（DNA或RNA）是怎样产生的呢？这两种分子如何共同发挥作用的呢？这在生命起源的研究领域仍然是个重要的未解之谜。

国际著名生物学家、奥地利科学院院长彼得·舒斯特（PeterSchuster）尝试解答这个谜团，提出了从有机小分子进化到原始生命阶梯式起源的假说[4]。按照阶梯式发展规律分析，笔者将舒斯特提出的从有机小分子到原始生命起源的进化过程划分为6个阶梯式进化步骤（图1）。

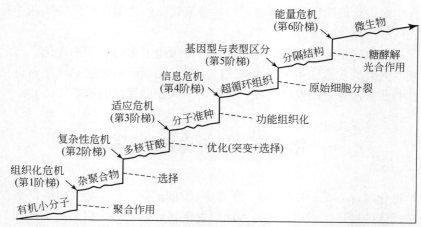

图1　地球生命化学进化的六阶梯式发展模式图（本图根据彼得·舒斯特相关文章编制）

图中缓坡代表进化的渐变阶段，波状起伏代表渐变过程的曲折性；缓坡之间的垂直线代表突变。

第 1 阶梯：从有机小分子形成杂聚合物。在此进化过程中，进化系统面临着"组织化危机"，即无组织的小分子如果不能初步组织起来，就不能形成杂聚合物。要克服此"危机"则需通过聚合作用。

第 2 阶梯：从无序的杂聚合物形成多核苷酸。杂聚合物分子之间的选择作用，有助于度过此进化过程中的"复杂性危机"。最早出现的核苷酸以自身为模板来控制复制过程。此时类蛋白或多肽在多核苷酸复制中起到催化作用。

第 3 阶梯：从多核苷酸自组合形成分子准种（molecular quasispecies）。分子准种是指类似物种的分子系统组合[5]。此时，多核苷酸还没有成为遗传载体。虽然此过程中存在"适应危机"，但地球原始环境因素对这种分子系统有优化作用（突变加上自然选择），多核苷酸可通过突变和选择渡过适应危机，形成类似物种的分子系统组合——分子准种。

第 4 阶梯：从分子准种形成超循环组织[6]。分子准种通过功能的组织化，可克服该进化过程中的"信息危机"。在此阶段，蛋白质合成才被纳入到多核苷酸自我复制系统中。此时多肽结构依赖于多核苷酸上的碱基顺序，最早的基因和遗传密码由此产生。

第 5 阶梯：从超循环组织形成分隔结构。新形成的多核苷酸基因系统必须被分隔开来，其基因的翻译产物接受选择作用，从而实现基因型与表型的区分。但分隔结构要保持其特征的延续，需要使其内部的多核苷酸复制、蛋白质合成和新的分隔结构形成三者同步，原始细胞的分裂过程可满足此要求。

第 6 阶梯：微生物（原核细胞）的形成。复杂的原始细胞体系需要更多、更连续的能量供给，因此原来的体系将会出现"能量危机"；而糖酵解和光合作用过程可提供能量，使真正意义的原核细胞（微生物）生命得以诞生。

因此，地球生命的化学进化过程可分为 6 个阶梯式发展阶段，代表 6 个从量变（缓坡式发展或渐变）到质变（飞跃式发展或突变）、前进性、曲折性的进化过程。原始生命的起源是由多种原始生物大分子协同驱动的有序自组织过程，该系统的各主要阶段受内部的动力学稳定和对外环境的适应等因素的选择。

二、多细胞生命的阶梯式进化模式

化学进化形成的地球最早期生命为单细胞的原核生物，包括细菌、古细菌、蓝菌等。这些生物的细胞内部不存在由膜质包裹的核部和其他细胞器。染色体分散在细胞质中，主要通过二分裂进行繁殖。从细菌进化到复杂的多细胞生命所经历的无数演化历程中，存在一些重要的飞跃阶段。因此，笔者认为从单细胞原核生物进化到多细胞复杂生物，也是经历了多次从量变到质变的阶梯式发展过程。

根据 1905 年俄国人康斯坦丁·马瑞斯考斯基、1927 年伊凡·沃林和 1999 年美国人林恩·马古利斯的内共生理论（endosymbiotic theory）[7]，现代的多细胞复杂生物（包括植物、人及其他动物）都可视为多种细菌组成的超大型群落或集合体。从最简单的细菌进化到无比复杂的多细胞生物，先后经历了以下四个关键发展阶段：

第 1 阶段：真核细胞的形成。早期细菌通过吞噬作用，形成具有细胞核及多种细胞器的真核细菌（真核生命）。各项证据表明，好氧细菌被变形虫状的原核生物吞噬后，经过长期共生，变成线粒体；蓝菌被吞噬后经过共生变成叶绿体；热原体菌（一种古菌）被吞噬后经过共生变成核质；螺旋体（一种细菌）被吞噬后经过共生变成原始的鞭毛。由此，真核细胞内部的关键细胞器或器官（线粒体、叶绿体、核质及鞭毛）都通过内共生作用形成，真核细胞也由此诞生了。

第 2 阶段：有性生殖生物的出现。真核细胞的产生为生物的性分化和有性生殖奠定了关键的基础。在有丝分裂基础上产生的减数分裂是真核生物和原核生物的主要区别之一。减数分裂的出现使生物界出现有性生殖。有性生殖的个体具有两套基因，使基因重组产生新的遗传变异成为可能。有性生殖不但提高了物种的变异性，而且增大了变异量，从而大大推进了多细胞生命的进化速度。无性生殖的细菌、绝大部分原生生物和真菌可以永远保持年轻，在自然状态下不会死亡。虽然有性生殖是生命进化的加速器，但包括人类在内的有性生殖生物一直为此付出高昂的代价——不可避免的程序性衰老和死亡。

第 3 阶段：细菌共生体的形成。时至今日，高加索地区一种叫做"卡夫"（kefir）的酵曲仍在重演细胞进化所经历的聚合过程（原始共生体的形成）。卡夫是一种由 30 多种微生物相互结合形成的复杂个体，是细菌和酵母（真菌）通过自身产生的糖蛋白和碳水化合物相互作用并聚合的产物。这些微生物细菌的共生形成了一种新的生命形式，作为独立的整体分裂繁殖（无性生殖）。此外，一些现生的单细胞原核生物（如蓝菌及厌氧嗜甲烷菌）也常以丝状或球状的集合体形式存在。细菌共生体为后期进化出更复杂的高等多细胞动物和植物奠定了进化基础。

第 4 阶段：多细胞复杂生物的诞生。包括人类、鸟兽、昆虫和松柏在内的所有由真核细胞组成的多细胞动物和植物，都是细菌有机共生、高度整合形成聚合体或共生体。各种不同的细菌相互聚集、协同合作、相互选择，相互依赖彼此的脂肪、蛋白质、碳水化合物和代谢产物为生，最终联合在一起。因此，由细菌进化来的真核细胞，构成真核生命的建筑材料（结构和功能的基本单位）；真核细胞的分化形成了各种形态、结构和功能不同的细胞群（组织）；多种组织按特定顺序联合起来，并行使特定的功能，由此形成器官；多个器官进一步有序地结合，共同完成一项或多项生理活动，则形成了更复杂的系统。由此，以真核细胞为基本单位，由组织–器官–系统构成有机整体，即形成了复杂的多细胞生命。

三、阶梯式（三幕式）发展的寒武纪生命大爆发

早在 1830 年前后，英国古生物学家威廉·巴克兰（William Buckland）就发现大量早期动物化石在地层中突然出现的奇特现象。他撰写了名为《自然神学与地质学及矿物学》的文章，以神学的观点解释了该现象。达尔文在《物种起源》中已清晰地意识到该现象对进化论的挑战性[8]。现生多门类动物的化石记录在寒武纪早期的涌现已经被广泛认同为地球生命演化历程中最壮观的一幕，这一辐射演化事件后来被称为寒武纪生命大爆发。

最近 50 年的古生物学和生物地层学研究表明，寒武纪生命大爆发是一次真实的生命演化事件，而非埋藏改造或地层缺失所引起的假象。寒武纪是带壳海生无脊椎动物开始繁盛的时代。节肢动物、软体动物、腕足动物、笔石、古杯、牙形石等动物大量出现，尤以三叶虫最为人们所熟悉。寒武纪初期地层中小壳化石（SSFs）的突然爆发、遗迹化石多样性及复杂性陡然激增，以及软躯体化石库稍后在全球大范围的分布（图 1），都是寒武纪生命大爆发的真实记录。

自达尔文以来，对于寒武纪生命大爆发的实质及阶段性历程，许多著名的学者曾先后提出多种不同的观点。其中影响最广泛、最具代表性的有以下 3 种假说：

（1）"非爆发"假说[9]。由达尔文提出。在 19 世纪，由于受到地层学及古生物学发展的局限，达尔文对寒武纪生命爆发现象产生深刻的疑虑乃至持否定的态度。他认为，该现象只是前寒武纪"化石记录保存的极不完整性"的体现。达尔文的"非爆发"假说否定地球生命演化历程中曾发生大规模的突变，该假说对于反驳"瞬时创生"的神创论、对于进化论的创立具积极意义。然而，该假说却与地球生命演化的真实历史不符。

（2）"一幕式"假说[10]。由美国著名古生物学家古尔德提出。该假说是古尔德与艾垂奇共同提出的"间断平衡论"（简而言之，该理论认为生命演化不仅存在渐变，而且更多地表现为突变）的延伸和放大。该理论的提出对于纯粹的渐变论是一大进步。由此，地学界对寒武纪生命大爆发的实质取得普遍认同：寒武生命爆发为后生动物躯体构型的一次快速而宏伟的创新事件；此辐射演化事件奠定了现代动物门类的基本格局。"一幕式"假说强调该事件的突发性和瞬时性，因此国内外一些学者认为寒武纪大爆发导致了几乎所有动物门类同时产生，甚至

推测寒武纪大爆发持续的时间极短（百万年级）。

（3）"二幕式"假说[11]。由英国古生物学家福泰等提出。Fortey、Conway Morris、Valentine 等许多学者通过大量的研究认识到寒武纪早期动物群与前寒武纪晚期生物群（尤其伊迪卡拉纪文德生物群）之间存在演化的连续性（Shu & Conway Morris，2006）[12]，同时注意到两者之间演化的显著阶段性，由此提出寒武生命爆发的"二幕式"假说。该假说比"一幕式"假说更接近地球生命演化史的真实。因此，动物树的成型并非"百万年级"的一次"瞬间"事件，而应为"千万年级"的幕式演化事件。

"二幕式"假说虽然比"一幕式"更符合地球生命演化史的真实面貌。然而，它仍存在两个严重的缺陷：①尽管它恰当地标定了爆发的始点和前期进程，却未能限定爆发的终点；②它并未能解释现代动物谱系树各大分枝的起源与寒武生命爆发不同历史阶段的对应关系。因此，学术界便出现了种种不同猜测：部分学者认为，创生出现代大部分动物门类的寒武纪大爆发可能延续至中寒武世布尔吉斯页岩动物群；另一部分学者甚至推测，该创新大爆发应结束于晚寒武世之末。

舒德干院士的科研团队集数十年研究积累的创新性成果，提出了令人信服的寒武生命大爆发的"三幕式"新假说[13,14,15]，谱写了这次地球生命大辐射的完整历史（图2）。该假说认为，在距今大约5.4亿年前的早寒武世，发生了地球生命史上最壮观的动物创新事件；该事件在约占地球生命史1%的时间里（560～520Ma），分三幕爆发式地产生了地球上绝大多数动物门类。这3个演化阶段（三幕）爆发创生的3个动物亚界在生物学地位上从低等到高等，从简单到复杂，为阶梯式发展的真实反映（图2）。

其中，第一阶梯（寒武纪爆发第一幕）为基础动物亚界的创生性爆发，以埃迪卡拉生物群为代表；第二阶梯（寒武纪爆发第二幕）原口动物亚界基本构建成型，以梅树村小壳化石动物群为代表；第三阶梯（寒武纪爆发第三幕）构建了后口动物亚界所有类群，以澄江动物群为代表。

第一阶梯：前寒武纪最末期约2千万年间，出现了基础动物亚界首次创生性爆发（阶梯式飞跃）。除了延续最低等的多孔动物门（海绵、古杯等）的发展之外，还构建了刺胞动物门、栉水母动物门，而且还造就了种类繁盛的"埃迪卡拉生物"。此外，该时段的后期也产出了原口动物亚界的少数先驱。

第二阶梯：在早寒武世最初的近2千万年的"小壳动物"发展时期，原口动物亚界已经基本构建成型（以滇东梅树村动物群为代表），尽管此时节肢动物多为软体，尚未发生"壳化"。此时，后口动物亚界的少数先驱分子已崭露头角。

第三阶梯：在随后的澄江动物群时期，动物界演化加速，并在短短数百万年间快速辐射演化出后口动物的各大类群。此演化阶段实现了动物胚胎发育的"口

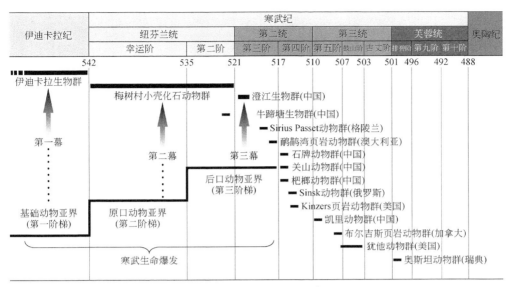

图2　寒武生命爆发阶梯式发展模式图[13,14,15]

肛反转"，诞生了鳃裂构造，并实现了 Hox 基因簇的多重化（常为四重化）；不仅成功完成了由原口向后口（或次生口）的转换，而且还实现了后口动物谱系由无头类向有头类的巨大飞跃。在此时期，后口动物谱系的"5+1"类群（棘皮动物、半索动物、头索动物、尾索动物、脊椎动物）全面问世，从而导致后口动物亚界的整体构建。至此，寒武纪生命大爆发宣告基本终结。严格地说，澄江动物群之后的数千万年间，包括加拿大著名的布尔吉斯页岩动物群的发展时期（～505 Ma），应该属于寒武纪生命爆发的"后爆发期"或"尾声"。尽管它维持甚至发展了动物的高分异度和高丰度，但已经基本上不产生新的动物门类了[15]。

四、从猿到人的阶梯式进化历程

早在 1871 年，达尔文在其著作《人类的由来和性选择》中以无可反驳的事实论证了现代人类起源于古代的猿类[16]。可以说，人类历史中99%的时间都是在开阔的草原上狩猎和觅食。大约400万年的自然选择塑造成了我们这种独特的灵长类动物。在漫长的进化历程中，人类不断适应生存环境，通过创造各种工具来使自身变得更聪明、更长寿、更迅捷，不断打破进化中所面临的屏障——这是人类区别于其他动物的独有特征，也是人类的本性。其次，人类之所以独特而有别于其他灵长类动物，是因为人类进化出来的高度社会化的大脑在自然选择中占有绝对的优势。因此，脑的进化是人类形成的关键。人类脑容量从 400 多毫升在短短 400 多万年内迅速增至现在的 1360ml 左右，而现代人类的脑容量在这高度文明的一万多年里没有明显变化。

关于人类的起源，主流观点认为现代人类起源于非洲：早期猿人（南方古猿）起源于非洲，而智人是在距今 5 万～10 万年从非洲大陆迁徙出来，取代了在亚洲的直立人和在欧洲的尼安德特人[17]。人类的起源和进化，经历了 5 次从量变到质变的飞跃，因此可分为 5 个阶梯式进化阶段。

1. 南方古猿阶段

从更原始的地猿进化到南方古猿，代表了人类进化上的一次飞跃，标志着人类家族从高等灵长类中的其他类群分化开来。距今 400 万～180 万年，为已知最早的人类直接祖先。化石记录主要发现于东非和南非，包括著名的阿尔法种（露西）、非洲种和埃塞俄比亚种。在此进化阶段中，最重要的飞跃是直立行走——虽然它们基本保持着树栖的习惯，但不得不开始用双足行走（化石材料中出现了可直立行走的结构）。南方古猿只会使用天然工具而不会制作工具。其脑容量约 450ml，身高约 1.2m，体重约 20kg。南方古猿的脑容量比人类的小，但脑结构已经与人类相近。

2. 能人阶段

生存时代为距 240 万～140 万年。脑容量可达 700～800ml。能人出现在上新世晚期或更新世早期的非洲南部与东非，大约于距今 200 万年前从南方古猿中分支出来。能人身高约 1.4m，具有比南方古猿人更小的臼齿与更大的脑容量。这一阶段最重要的进化飞跃是制作工具，能人已能将石头制作成可割破兽皮的石片、带刃的砍砸器和可敲碎骨骼的石锤。因此，脑容量的扩大及能够制造工具是人属（homo）的重要特征。

3. 直立人（晚期猿人）阶段

距今 180 万～20 万年。直立人是旧石器时代最早期的人类。欧仁·杜布瓦于 1891 年在爪哇岛发现的爪哇人化石，裴文中于 1923 年在中国北京周口店发现的北京人化石，以及中国蓝田人、巫山人和元谋人、南京人等，都是直立人的代表。与能人相比，直立人的脑容量更大（超过 1000ml，约为智人的 74%），牙齿更小。脑容量的大幅度增加指示他们已有复杂的文化行为，大脑两半球出现了不对称性，掌握了较高的语言能力。直立人居住在天然的洞穴，所制作和使用的工具比起他们祖先的都更复杂及多样化。它们以渔猎或采集食物为生，能使用天然火，熟食，以及用火御敌。直立人的出现标志着人类的进化史自 200 万年以来经历的又一次阶梯式的发展。

4. 早期智人（古人）阶段

距今 20 万～5 万年。最著名的化石代表是 1856 年发现于德国尼安德特（ne-

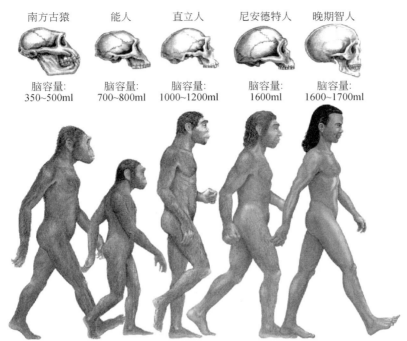

图 3　从古猿到智人的阶梯式进化历程（本图根据网络资料综合而得）

前后经历了 5 个发展阶梯：南方古猿——能人——直立人——尼安德特人（早期智人）——晚期智人（克鲁马农人）。这些发展阶梯反映了人类进化过程中从量变到质变的一些重要飞跃事件，包括直立行走、大脑扩容、创造工具、火的使用、艺术创作等

anderthal）河谷附近山洞的尼安德特人（包括一个成年男性的颅骨和一些肢骨化石，生活于约 7 万年前）。国内代表有马坝人、大荔人、长阳人、丁村人等。其形态与现代人接近，但仍保留一些原始特征（如眉脊发达，前额低斜、鼻部扁宽、颌部前突等）。早期智人脑容量可达 1400ml。他们不仅会用火，而且会取火，保存火种，还会用兽皮缝制衣服；他们具有更强的语言能力；打制的石器种类更多、更精细，已出现了复合工具；出现了埋葬的风俗；社会形态已进入早期母系氏族社会。

5. 晚期智人（新人）阶段

生存年代为 5 万 ~1 万年前。在全球五大洲都有晚期智人的化石发现。国外化石代表：克鲁马农人（法国）；国内化石代表：我国广西的柳江人、内蒙古的河套人、四川的资阳人、北京周口店的山顶洞人等。晚期智人额部较垂直，眉峭微弱，颜面广阔，下颏明显，身体较高，脑容量大。主要解剖学特征已非常接近现代人（1 万年前至今）。旧石器晚期文化，会制造磨光或穿孔的石器和骨器，出现穿孔的兽牙和贝壳等装饰品。用骨制作的工具有矛、标枪、鱼叉、鱼钩和有眼的骨针（我国山顶洞人的洞穴里发现一枚很长的骨针，表明他们已能用兽皮缝制衣服）。以狩猎为主，狩猎工具有重大改进。除了居住在洞穴，晚期智人还建造人丁住所。埋葬死者的习俗更隆重，为死者穿着衣服，佩戴装饰品。艺术有很大发展，主要有雕像和洞穴壁画[18]。

现代人是晚期智人的直接后裔。现代人区别于地球上所有其他动物的独特性是其进化出高智慧和高度社会性，以及创造出独特的人类文明，包括科技文明和精神文明。人类通过自身的聪明才智不断地改造这个世界。茹毛饮血、衣不蔽体、野蛮愚昧的人类时代已经一去不返。人类从原始深山老林逐渐走向现代化社区，凭借自身的智慧飞翔于蓝天、遨游于深海、学会了解过去、预知未来。

五、结　　论

马克思提出的唯物辩证法认为，普遍联系和永恒发展是世界存在的两个基本特征（《马克思恩格斯选集》）[19]。恩格斯说："要精确地描绘宇宙、宇宙的发展和人类的发展，以及这种发展在人们头脑中的反映，就只有用辩证的方法。"本文用唯物辩证法论述了地球生命的演化具有从低等到高等、从简单到复杂的进步性发展趋势[20]。地球生命进化经历了数次集群绝灭事件和爆发崛起事件，呈现出一个前进的、曲折的、非匀速的演化发展过程。

纵观生命进化的发展历程，是一个由老到新、相互衔接、具有不同质变的阶段构成的前进性与曲折性相统一的发展过程。陈世骧[21,22]将这些过程细分为10次大进步：①从无机到有机——生命的起源；②从非细胞到细胞——细胞的起源；③从异养到自养——藻菌生活系统的形成；④从厌氧到喜氧——能量代谢的提高；⑤从原核到真核——细胞机构的复杂化；⑥从无性到有性——变异机制的发展；⑦从两极到三极——动植菌生态系统的形成；⑧从单细胞到多细胞——生物机体的复杂化；⑨从水生到陆生——生物占领陆地；⑩从猿到人——劳动创造人类。陈家骧主张的十大进步，也就是代表了生命演化的逐步上升的10个阶段；而每前进一个阶段（每一次进步），就代表了生命进化过程的一次质的飞跃。生命进化不同阶段之间存在的飞跃，是一个从量变到质变的过程。如果我们用图式来表示十大进步的发展历程，则正是展现出一幅阶梯式发展的图景（图4）。由此可见，生命进化不仅具有由自然选择/适应性驱动的"横向上"多样性增加的趋势，更具有由自然选择和自组织作用共同驱动的"纵向上"的阶梯式发展规律，阶梯式发展是生命进化的重要形式。

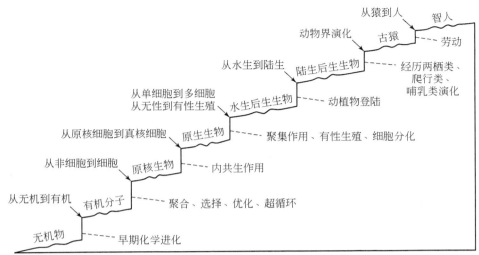

图4 地球生命进化的阶梯式发展观[20,21]

图中的缓坡代表进化的渐变阶段；波状起伏代表渐变过程的曲折性；缓坡之间的垂直线代表突变

致谢：感谢著名古生物学家、中国科学院院士、西北大学舒德干教授对文稿提出的修改意见。

（朱训：全国政协原秘书长、原地质矿产部部长、中国自然辩证法研究会地学哲学委员会理事长；雷新化：中国地质大学（北京）软件学院教授；欧强：中国地质大学（北京）地球科学与资源学院副教授）

参 考 文 献

［1］朱训. 找矿哲学概论. 北京：地质出版社. 1992.

［2］朱训. 阶梯式发展是物质世界运动和人类认识运动重要形式. 自然辩证法研究，2012（12），1-8.

［3］Miller S. Aproduction of amino acids under possible primitive earth conditions. Science，1953，117：528.

［4］Sehuster P. Evolution between chemistry and biology. Origins of Life，1984，14：3-14.

［5］Eigen M，McCaskill J，Sehustex P. Moleeulmr quasispecies. J. Phys. Chem. ，1988，92：6881-6891.

［6］Eigen M，Schuster P. The hypercycle：a principle of natural self-organization. Part A：emergence of the hypercycle. Naturwissenschaften，1977，64：541-565.

［7］林恩·马古利斯，多里昂·萨根. 倾斜的真理：论盖娅、共生和进化. 江西教育出版社. 1999：1-481.

［8］达尔文.《物种起源》（增订版）导读及附录. 舒德干等译. 北京：北京大学出版社. 2010，1-34.

［9］Darwin C. On the Origin of Species by Means of Natural Selectlon or the Preservation of Favoured Races in the Struggle for Life. London：John Murray. 1859.

［10］ Gould S J. Wonderful Life：the Burgess Shale and the Nature of history. New York：Norton. 1989：347.

［11］ Fortey R A, Seilaeher A. The trace fossil cruziana semiplicata and the trilobite that made it. Lethaia，1997，30：105-112.

［12］ Shu D G, Conway M S, Han J, Li Y, Zhang X L, Hua H, Zhang Z F, Liu J N, Feng J, Yao Y, Yasui K. Lower Cambrian vendobionts from China and early diploblast evolution. Science，2006，312：731-734.

［13］ 舒德干. 寒武纪大爆发与动物树的成型. 地球科学与环境学报，2009，1（2）：111-134.

［14］ 舒德干，张兴亮，韩健，张志飞，刘建妮. 再论寒武纪大爆发与动物树成型. 古生物学报，2009，48（3）：414-427.

［15］ Shu D C. Cambrian explosion：binh of tree of animals. Gondwana Research，2008，14：219-240.

［16］ 达尔文. 人类的由来及性选择. 叶笃庄，杨习之译. 北京：北京大学出版社. 2009：1-416.

［17］ 陈守良，葛明德. 人类生物学十五讲. 北京：北京大学出版社. 2007：1-435.

［18］ 李轩. 人类进化史. 北京：中国广播电视出版社. 2011.

［19］ 马克思，恩格斯. 马克思恩格斯选集. 北京：人民出版社. 1995.

［20］ 何心一，徐桂荣. 古生物学教程. 北京：地质出版社，1987.

［21］ 陈世骧. 生物进化史上的十件大事. 科学通报，1978，3：138-145.

［22］ 陈世骧. 生物发展的历史规律（生物史第四分册）. 北京：科学出版社. 1978.

用阶梯理论解读科学技术发展历史

王克迪

朱训同志的阶梯式发展理论，有坚实的自然界矿藏分布样式基础，有大量找矿、工业开采实践支撑，有众多自然现象、自然科学和技术发展事实、社会经济生活和文化现象印证，非常富于解释力和启发性。在自然科学中，要求一个好的理论，不仅要能够解释众多现象，还要能够形成平台，为学界在平台上进行各种各样的研讨，产生众多成果。今天许多泰斗、大家和前辈学者给予朱训的阶梯发展理论高度评价，就阶梯发展理论各抒高见各有阐发，说明这一理论是个好的理论（图1）。

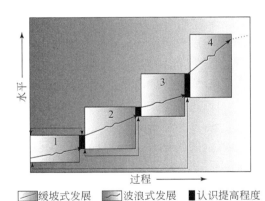

图 1　阶梯式发展示意图[1]

笔者拟就用阶梯发展理论去理解科学技术发展历史作一尝试，希望没有误解朱训的理论，更不要造成歪曲。

在科学技术发展历史上，我们可以将几场重要的科学革命设为标志，划分出几个不同的历史阶段：

（1）自古代到前牛顿时期，以牛顿革命结束；

（2）18世纪初到19世纪中期，麦克斯韦-达尔文革命，即所谓的经典科学时期；

（3）自19世纪中期到20世纪初物理科学和众多科学学科革命，其间科学技术与初期工业化形成紧密结合；

（4）20世纪初到第二次世界大战结束，电子计算机发明，科学技术成为国家实力表征，在战争和社会经济生活中展示出强大影响力；

（5）第二次世界大战后到90年代，国际互联网发明，计算机与网络影响全社会，彻底改变了我们的生活和交流方式；

（6）21世纪以来，纳米技术、新材料、生物技术、移动高性能计算系统深入民众日常生活，新科技革命浪潮正在袭来。

观察科学技术发展的历史，在每两次科学技术革命之间，是科学技术发展的斜坡平台，感谢朱训的图示，用来演示科学技术发展的历史，极为直观，也很易于理解。

需要特别说明的是，科学技术的每个发展阶段，都比前一个阶段在知识丰富程度、对自然规律认识深刻、科学技术在社会生产和人们的日常生活诸应用方面有着很大提高，所处的发展平台明显大大高于前一平台。当科学技术处于某个特定发展平台中时，它在逐步积累，人们关于自然界的知识不断扩张，知识的应用向广度和深度两方面推广。在同一个发展平台内，科学技术呈向上攀升式、斜坡式发展。所有这些，与阶梯发展理论极好吻合。

在阶梯理论出现之前，解释科学技术发展的大致有两大派别。一派主张累积式发展，肯定科学知识积累，以爱因斯坦、卡尔·波普尔为代表；另一派主张科学革命，科学技术在不同的阶段被科学革命间隔开来，以托马斯·库恩、I. B. 科恩等为代表。笔者理解，阶梯发展理论很好综合了两派的解释。其中，阶梯理论中的平台与库恩理论中的范式有很大的同质、同构特性。

在上述两派解释之外，还有一个套箱理论，用类似于中国套箱的比喻或者俄罗斯彩蛋比喻来解释科学理论的发展，后一种科学理论包容了前一种科学理论，而即使是最早期的科学理论，其合理内核一直也没有被抛弃，这是内戈尔的套箱理论。如果我们可以把阶梯理论理解为视野扩展或者覆盖，它同样也很好地包含了套箱理论。

至此，我们看到，将阶梯理论用作理解科学技术发展历史，是个非常好的理论。

然而，请允许笔者谈一点不足。这种不足不是阶梯理论所独有的，迄今为止几乎所有解释科学技术历史的理论都有同样的不足，这就是，科学革命的发生机制与发生过程。库恩给出了一个比较可以接受的说法，就是我们都熟知的范式中出现反常和危机，但是他还是讲不清楚革命的具体发生过程。格式塔转换只是革命的形象描述，不能作为可接受的革命发生机制解说。

在阶梯理论中，如果用来说明自然界矿藏分布样式，阶梯式的台阶分布可以得到很好的科学说明，比如，地壳运动造成斜向断裂，这在山区矿藏描述中十分成功。但是，在说明科学技术发展历史中的"突变"——科学革命时，阶梯理论与其他理论一样，只能作出现象描述：台阶客观存在着，为何、如何发生这样的台阶，尚不能给出机制、成因的解释。在解释其他社会生活现象时，也存在同样的不足。阶梯理论是个很好的描述理论，也有很好的解释能力，但还有进一步完善的空间。

最后，阶梯理论的强烈的形象特征，令我们想起艾舍尔的画作（图2，图3）。在以下两幅图中，艾舍尔用非凡的想象力，演示了人物或者水流沿着台阶不断攀升（或者下降）最后又回到起点，周而复始，以至无穷。霍夫施塔特曾很有诗意的把艾舍尔的画作、哥德尔的逻辑学与巴哈的赋格音乐结合在一起讨论"缠绕"问题。几何图式表达受到很大的空间约束，那是艾舍尔力图加以征服的，画作中的意境让我们联想到辩证法的一个规律：螺旋式上升。我们过去喜欢用这样的理解去解释社会历史的进步，但是，朱训阶梯发展理论似乎更好，可以解释得更多，更具有开放性，也许更加合乎历史发展规律。

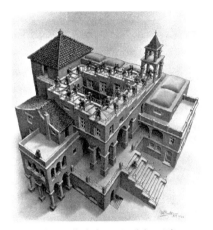

图2　艾舍尔：上升与下降

图3　艾舍尔：瀑布

（王克迪：中央党校教授、博士生导师）

参 考 文 献

[1] 朱训. 阶梯式发展是物质世界运动和人类认识运动的重要形式. 自然辩证法研究，2012，(12)：1-8.

工业文明向生态文明的阶梯式发展
与现代地球系统的新突变期

陈之荣

摘要：本文将地球文明放在地球（表层）系统（尤其是现代地球系统）演化的框架中加以考察。总体而言，地球表层系统演化过程是阶梯式上升的过程。地球文明是其进化（发展）的产物。工业文明已发展到一个新的分岔点即突变期，将要发生阶梯式升降。改变人类圈不合理结构是阶梯发展到生态文明的可能途径。

关键词：现代地球系统；阶梯式发展；新突变期；生态文明

阶梯式发展是物质世界运动的重要形式[1]。在地球表层系统演化中也有明显表现。笔者从 20 世纪 80 年代开始，就从事这方面探索，并发表了一系列文章。本文将在地球（表层）系统阶梯式（上升）发展的基础上，进一步讨论地球文明的演变。

一、现代地球系统：全球规模的人地关系

地球文明主要讨论人与自然的关系，尤其是全球规模的人与自然的关系。这正是现代地球系统研究的内容。

1. 地球（表层）系统的阶梯式（上升）发展

地球是由地核、地幔和地球表层三部分构成。地球表层系统又称狭义地球系统，是地球上发展最迅速的部分。历经 40 余亿年的演化，其结构越来越复杂，功能越来越完善。地球表层系统的基本结构是地球圈层，它由于分化而不断递增。在原始岩石圈（岩土层）的基础上，依次增加大气圈、水圈、生物圈和人类圈。先后形成由岩土层和大气圈构成的二元系统，由岩土层、大气圈和水圈构成的三元系统，由岩土层、大气圈、水圈和生物圈构成的四元系统，以及由岩土层、大气圈、水圈、生物圈和人类圈构成的五元系统[2]，见图 1。

地球表层系统演化过程是一个进化过程，五元地球表层系统是其积极成果；这过程又是非线性的，经历了一系列不同等级的突变（期）或分岔点。1991 年，

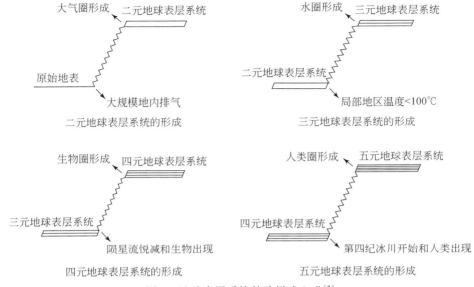

图 1　地球表层系统的阶梯式上升[2]

在《地球演化的新突变期——地球结构畸变与全球问题》一文中，笔者在地球表层圈层结构阶梯式上升的基础上，又讨论了其循环形式的阶梯式递增[3]。1993年，在《地球进化三定律与持续发展研究》一文中，笔者又将阶梯式上升称为地球进化的三大定律之一[4]。

2. 现代地球系统的基本构成

现代地球系统与一般地球系统的基本区别是增加了人类圈。即一般地球系统由岩石圈、大气圈、水圈和生物圈 4 个地球圈层构成。岩石圈、大气圈和水圈又称地圈，在《国际地圈–生物圈计划》中，地圈和生物圈称为地球系统。而现代地球系统则是由岩石圈、大气圈、水圈、生物圈和人类圈 5 个地球圈层构成，即由地球系统（或地球环境）和人类圈构成，见图 2。

地球系统或地球环境经历了几十亿年的演化，虽然其过程并不平坦，但总体上是连续的、向上的。其根源主要是地球系统具备自己的自由能来源和物质循环。

3. 地球系统的自由能来源

地球的运动和变化需要自由能。这种自由能的最终来源都离不开太阳辐射和地核内能，但要将它们转变成自由能还需要具备地球的内部条件。地球获得自由能的能力与地球各圈层的特殊条件有关，即大气环流、水循环和生物循环等在高温下吸热和低温下散热有关。

当有了原始大气圈之后，大气环流通过在地表高温下吸热，在高空低温下放

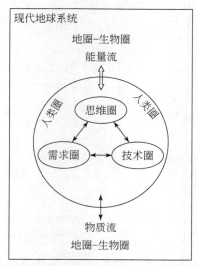

图 2　现代地球系统和人类圈的结构

热而获得自由能，其量值约占进入地球大气的太阳辐射能的 6%。原始水圈形成之后，水循环通过在地表高温下吸热，在高空低温下放热而获得更多的自由能，其量值约占进入地球大气的太阳辐射能的 24%。大气环流和水循环合计，大约将 30% 投射到地球的太阳辐射能转变为驱动地球表层运动、变化的自由能。这些地球自由能，后又转变为废热排出地球系统。在生物圈中，光合作用是生物界生物化学能的来源。食物链把绿色植物、食草动物和食肉动物联系起来，生物化学能也在绿色植物、食草动物和食肉动物之间约按十分之一定律传递，而生物圈将太阳辐射能转变为生物化学能的本领也大约按十分之一定律在增加。

4. 近似封闭的物质循环

从地球与地外的关系来看，它们有大量能量交换，而几乎没有物质交换，地球是个"宇宙飞船"式的封闭系统。

岩石圈、大气圈、水圈和生物圈（狭义）等都是开放系统，它们的正常运行不仅需要与其环境进行能量交换，而且还需要进行物质交换。但其特殊性在于，由岩石圈、大气圈、水圈和生物圈构成的生物地球，经过长期磨合，这些物质交换基本上能够首尾相接，形成一个更大的近似闭合的物质循环网络。例如，绿色植物在进行光合作用时，需要从大气中吸收二氧化碳，从水域和土壤中吸收水分和无机盐，合成有机物，并向大气排出氧和水蒸气，向土壤和水域输送植物残骸；动物以植物为生，死后又将其残骸还给地球无机界，在其呼吸过程中，从大气吸进氧，并向大气排出二氧化碳等；微生物分解动、植物残骸，又将其产物还给土壤和水体；等等，从而使生物和环境成为一个循环网络。地球系统或地球环境通过吸收太阳短波辐射，并以长波的形式向地外排放废热而获得自由能，而其内部的物质流动则是循环的。

二、工业文明的基本特征

在现代地球系统中，地球环境处于基础地位，而人类圈处于主导地位。在人类诞生至人类圈开始形成的漫长岁月里，由于人口数量较少且能力较差，地球环境的基础地位十分突出，而人类则处于从属地位。系统运行处于原始协调状态。人类圈开始形成之后，现代地球系统的运行就发生了变化。

1. 人类圈的开始形成

人类演化是个自然历史过程。从人类诞生至地理大发现为人类圈孕育时期，它占据了人类演化史的99%以上的时间。地理大发现是人类历史从地区史转向世界史，人类文明也从地区走向全球，标志人类圈已开始形成。

人类圈是一个与岩石圈、大气圈、水圈和生物圈并列的独立地球圈层。它以人类为自然实体，由需求圈、技术圈和思维圈构成[5]。构成人类圈的次一级圈层含义为：需求圈主要是指对衣食住行的需求，对自然资源和能源的需求以及对生态环境的需求等；技术圈主要是指发明创造，以及利用这些发明创造的农业、工业和服务业等产业；思维圈主要是指信息的传递（如通信、电报和互联网等）、信息加工的产品（如科学著作和艺术作品等），以及决策、管理等。这三者紧密联系，使人类圈成为一个有机整体。

2. 工业时代的出现

文艺复兴通常被看成是中世纪和工业时代之间的过渡。"以木材为主的能源环境到以煤为主的能源环境的转变，深刻地改变了整个西欧的生活方式。从木材到煤的能源环境是中世纪灭亡、工业革命出现的主要因素[6]。"

3. 工业文明的基本特征

从现代地球系统的角度来考察地球文明，工业文明的显著特征是人类圈的快速发展与地球环境的日益恶化并存，且冲突不断加剧。大约从20世纪50年代起，这种冲突使现代地球系统进入一个新时期。

三、人类圈的快速增长与现代地球系统的新突变期

对于当代地球在现代地球系统演化中处于何种位置，学术界还没有统一认

识。在讨论地球文明时，有人认为它处于工业文明时期，有人认为它处于生态文明时期，而我们则认为它处于转变期或突变期。

1. 人类生态足迹的迅猛增长

需求圈是人类圈的基本构成部分。自人类圈形成以来，它一直在较快增长。20 世纪 50 年代后，其增长速度显著加快，可用迅猛增长来表述。需求圈既包括人类对物质和能量的需求，也包括人类的精神需求，但主要是指前者。人类需求的物质和能量可分为可再生和不可再生两类，"人类的生态足迹"主要是指人类对可再生资源的需求。在地球生命力报告中，"人类的生态足迹"的量值是人口数量与人均生态足迹的乘积。因而，人类生态足迹的定量研究必然会丰富人类圈的研究。

半个多世纪以来，无论是全球人口数量，还是人均生态足迹都在迅速增长，因而，人类的生态足迹也随着增长[7,8]，见表 1。

表 1　全球的人口、地球生命力指数、生态足迹和生物承载力（1961～2007 年）

年份	1961	1965	1970	1975	1980	1985	1990	1995	2000	2005	2007
全球人口（十亿）	3.09	3.35	3.71	4.08	4.45	4.85	5.29	5.70	6.10	6.48	6.67
地球生命力指数：全球	—	—	1.00	1.12	1.11	1.06		0.91	0.78	0.72	0.70
生态足迹（十亿 全球公顷）	7.0	8.2	10.0	11.2	12.5	13.0	14.5	14.9	16.0	17.5	18.0
生物承载力（十亿 全球公顷）	13.0	13.0	13.0	13.1	13.1	13.2	13.4	13.4	13.4	13.4	11.9

数据来源：1961～2005 年的数据取自《地球生命力报告 2008》，2007 的数据取自《地球生命力报告 2010》

从表 1 可清楚地看出，全球人口从 1961 年的 30.9 亿到 2007 年 66.7 亿，40 多年增长了 1.2 倍。也就是说，40 多年的人口增长，比人类有史以来人口增长的总和还要多。可见，"人口爆炸"说法是有道理的。人类的生态足迹即人类的"需求"，从 1961 年的 7.0（十亿 全球公顷）到 2007 年的 18.0（十亿 全球公顷），40 多年增长了 1.6 倍。中国的生态足迹增长更快，1961～2007 年，中国人口规模和人均生态足迹双双加倍，使得其总生态足迹增长 4 倍[9]。人类需求的迅速膨胀，对地球自然界造成非常猛烈的冲击，使其不堪负重，在地球演化史上这是十分罕见的。

2. 全球资源—环境的迅速恶化

根据《地球生命力报告》，在 1961～2007 年这近半个世纪里，地球生物承载力变化不大，见表 1。地球生物承载力的相对稳定，主要归因于需求圈、技术圈和思维圈共同作用的结果。

自 20 世纪 50 年代以来，现代地球表层系统具有以下明显特征：其一，人类圈迅猛增长；其二，地圈-生物圈中资源-环境严重恶化；其三，人类圈与地圈-

生物圈变化迅速，且方向相反，即逆向巨变。

从 20 世纪 80 年代起，逆向巨变已造成生态超载，即人类的生态足迹已超过地球的生物承载力。此后，生态超载的速度不断加快。根据 2008 年，2009 年《地球生命力报告》提供的数据，2003 年，人类的生态足迹是地球生物承载力的 1.25 倍；2005 年，加快到 1.3 倍；2007 年，加快到 1.5 个地球的生物承载力才能满足人类生态足迹的需要[7,8]。可见，当下的全球生态形势十分严峻，地球表层系统正处于不可持续的演变之中。

3. 地球新突变期（或人类世）

近 20 年来，笔者一直认为当代地球正处于突变期。例如，1991 年，在《地球演化的新突变期——地球结构畸变与全球问题》一文中[3]，笔者认为地球正处于结构畸变、功能严重失调的新突变期。1993 年，在《人类圈与全球变化》一文中[10]，笔者提出新突变期的三大标志：全球问题的出现、基本循环功能的严重失调和结构畸变。2000 年，在《现代地球系统的突变期与可持续发展》一文中[11]，笔者又讨论了现代地球系统的突变期与可持续发展的关系。近来，有人将地球的新突变期与生态文明联系起来，讨论地球新突变期与当代的生态危机以及从工业文明向生态文明转变的关系[12]。

在 2000 年的《全球变化简报》上，Poul J. Crutzen 和 Engene F. Stoermer 提出"人类世"这一新的地质时代[13]。他们在文章中列举了大量事实，说明自工业革命以来，人类活动已引起地球资源–环境的巨大变化。这些变化推动地球演化进入了一个新的时期，他们称其为"人类世"。

考察地球是否进入新的地质"世"，除了应具有地球资源–环境的巨大变化的特点而外，还应考虑称为"地质世"的基本条件。如果缺少这种考察，就连"人类世"何时开始也很难确定。目前对"人类世"起始时间有多种说法：其一是从工业革命（即 1784 年）开始，这是"人类世"提出者的说法。其二是从农业革命开始。此处，"人类世"与"全新世"为同一地质世。其三是从第二次世界大战后全球环境的'高加速度'变化开始[14]。实际上同地球新突变期的起始时间是一致的。

此外，"地球新突变期"与"人类世"还有以下主要区别：①"地球新突变期"是从地球系统演化的角度，即主要根据当代地球系统的基本特征：人类生态足迹（即需求圈）的迅猛增长与全球环境（含资源）的迅速恶化；而"人类世"是从地质年代的角度，主要根据全球环境（含资源）的'高加速度'恶化。②与"人类世"概念相比，"地球新突变期"更明确地告诫人们，当代地球表层系统的演化正处于崩溃还是可持续的分岔点上，其前景主要取决于人类的行动。

四、改造人类圈的不合理结构与生态文明建设

在《未来：改变全球的六大驱动力》一书的"结语"中，阿尔·戈尔写道："人类文明一路走来，已经到了分岔口。两条道路中只能择其一。两条都通向未知。但是一条路通向的是我们赖以为生的气候平衡被破坏，无可替代的资源被耗尽，独一无二的人类价值被践踏，我们所熟悉的人类文明可能走向尽头。而另一条则通向未来"[15]。此处，人类文明的"已经到了分岔口"和"我们所熟悉的人类文明可能走向尽头"看法与笔者前面的观点相近。笔者认为，当代地球正处于新突变期，人类文明将发生阶梯式升降，见图3。

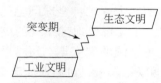

图3　工业文明向生态文明阶梯式发展

工业文明造成人类圈的不合理结构，使现代地球系统进入新突变期。因而，为了促进工业文明向更高层次的生态文明转变，必须改造人类圈的不合理结构，并将其作为生态文明建设的基本内容，形成有利于推动现代地球系统可持续发展的生活方式、生产方式和思维方式，使工业文明阶梯式发展为生态文明。

1. 改造需求圈

驱动人类活动的基本动力是人类的"需求"（人类的生态足迹），而支持或制约这种"需求"的主要因素则是地球自然界的"可能"（地球的生物承载力）。

地球自然界是一个自组织体系，它有形成自由能、物质资源和净化污染物的能力。这就为人类圈的"需求"提供了"可能"。然而，由于现代地球的近似封闭性质，这种"可能"总是相当有限的。显然，人类对物质产品和排放废弃物的"需求"，只有适度，只有低于地球自然界"可能"的条件下，地球系统才是安全的，否则将会带来严重后果。

按目前的模式进行预测，到2030年，人类的生态足迹将需要两个地球来满足我们每年的需求。到2050年，人类的生态足迹将需要2.9个地球来满足我们每年的需求[16]。总之，人类的"需求"（人类生态足迹）与地球自然界的"可能"（地球生物承载力）之间的冲突越来越严重。因而，转变人类的需求模式是不可避免的。

在新的需求（消费）模式中，不仅需要强调控制人口增长，而且需要强调

减少物质需求，努力将人类的生态足迹控制在地球生物承载力范围之内。这是一种几乎与个人愿望和政府政策相违背的任务，其难度之大可想而知。按目前的趋势继续下去还是改变人类的需求（消费）模式，是摆在人类面前的艰难选择。随着人类圈与地球环境的冲突不断加剧，人类也许不得不接受新的需求（消费）模式。

2. 建设以太阳能为主要能源、物质循环及其形式递增为基础的技术圈

现在人类的资源–环境形势十分严峻，为了摆脱这种局面，改变技术圈是必不可少的。

人类圈与地球环境系统的重要区别是，前者没有直接大量形成自由能的机制和物质闭合循环的功能，而后者则具有这样的本领。为了生存和发展，人类圈必须从地球环境输入能量和物质资源。

进入地球的太阳辐射能虽然数量十分巨大，但在地表分布却很分散，要将它大规模地转变为地球自由能必须具备特殊的机制。地球的自然圈层具备这样的机制，而人类圈并不具备。但其特殊性是有智慧，它可以通过设计和使用太阳能技术，将太阳辐射能转变为人类生产和生活所需要的电能和热能等自由能。目前，人类运用太阳能的技术已经相当成熟，完全有理由相信，大规模将太阳辐射能转变为人类所需自由能的时代必将到来，这是一股不可阻挡的历史潮流。毫无疑问，这一目标的实现是十分艰难的，但却是人类最可取的选择。

从地球系统演化史来看，要推进现代地球系统的进化，实现人类与自然的协同共进，必须将技术圈建立在物质循环及其形式递增的基础之上[4]。一方面必须提高资源的利用率，尽量减少资源消耗和废弃物排放；另一方面也必须对生产和生活中排放的废弃物进行无害化处理，使废物资源化。

值得注意的是，要在人类圈中形成上述物质循环，并将它作为现代地球系统中一个新的成员而纳入地球物质大循环之中，还需要具备一个基本条件，即充足的自由能。因为在物质循环过程中，能量本身不能循环，只会不断耗散。

3. 促进人类圈与地球环境关系协调的思维圈

工业文明是建立在以人为中心，人类征服地球为特征的思维圈基础之上。新的生态文明是建立在人类圈与地球环境协调的思维圈基础之上。为此，必须充分利用和发展全球电子通信网络，形成具有全球意识的科学决策和管理，以及发展以研究人类圈与地球环境协调关系为基本内容的现代地球系统科学等。

（陈之荣：中国科学院地质与地球物理研究所研究员）

参 考 文 献

[1] 朱训. 阶梯式发展是物质世界运动和人类认识运动的重要形式. 地学哲学通讯, 2012, (3)：4-12.

[2] 陈之荣. 地球表层系统非线性演化模式. 地球物理学报, 1987, (4): 389-398.

[3] 陈之荣. 地球演化的新突变期——地球结构畸变与全球问题. 科技导报, 1991, 9 (5): 35-39.

[4] 陈之荣. 地球进化三定律与持续发展研究. 地球科学进展, 1994, 9 (4): 63-69.

[5] 陈之荣. 人类圈·智慧圈·人类世. 第四纪研究, 2006, 25 (5): 872-878.

[6] 杰里米·里夫金, 特德·霍华德. 熵: 一种新的世界观. 吕明, 袁舟译. 上海: 上海译文出版社, 1987: 62.

[7] WWF. Living Planet Report 2008. http://awsassets. panda. org/downloads/lpr_living_planet_report_2008. pdf.

[8] WWF. Living Planet Report 2010. http://awsassets. panda. org/downloads/lpr_living_planet_report_2010. pdf.

[9] 中国环境与发展国际合作委员会和世界自然基金会. 中国生态足迹报告 2010. http://www. wwfchina. org/wwfpress/publication/shift/2010LPR_ cn. pdf

[10] 陈之荣. 人类圈与全球变化. 地球科学进展, 1993, 8 (3): 63-69.

[11] 陈之荣. 现代地球系统的突变期与可持续发展//王子贤. 地学·哲学·发展. 北京: 地震出版社, 2000: 80-87.

[12] 余谋昌. 地球的新突变期与生态文明//王恒礼, 毕孔彰. 地学哲学与科学发展. 北京: 中国大地出版社, 2010: 438-445.

[13] Crutzen P J, Stoermer E F. The "Anthropocene". IGBP Newsletter, 2000, 41: 17-18.

[14] Zalasiewicz J, Williams M, Steffen W, et al. The new world of the anthropocene. Environmental Science and Technology, 2010, 44 (7): 2228-2231.

[15] 阿尔·戈尔. 未来: 改变全球的六大驱动力. 上海: 上海译文出版社, 2013.

[16] WWF. 地球生命力报告 2012. http://awsassets. panda. org/downloads/lpr_ living_ planet_ report_ 2012. pdf.